建筑工人职业技能培训教材

模 板 工

建筑工人职业技能培训教材编委会　组织编写

中国建筑工业出版社

图书在版编目（CIP）数据

模板工/建筑工人职业技能培训教材编委会组织编写．—北京：中国建筑工业出版社，2015.11（2023.7重印）
建筑工人职业技能培训教材
ISBN 978-7-112-18715-7

Ⅰ.①模… Ⅱ.①建… Ⅲ.①模板-建筑工程-工程施工-技术培训-教材 Ⅳ.①TU755.2-44

中国版本图书馆 CIP 数据核字（2015）第 268585 号

建筑工人职业技能培训教材
模　板　工
建筑工人职业技能培训教材编委会　组织编写

*

中国建筑工业出版社出版、发行（北京西郊百万庄）
各地新华书店、建筑书店经销
北京红光制版公司制版
建工社（河北）印刷有限公司印刷

*

开本：850×1168 毫米　1/32　印张：6¼　字数：166 千字
2015 年 12 月第一版　　2023 年 7 月第六次印刷
定价：**17.00** 元
ISBN 978-7-112-18715-7
（27847）

本书全面概括了现代施工各项技术、工艺的应用知识。按照《建筑工程施工职业技能标准》的要求，对模板工初级工、中级工和高级工应知应会的内容进行详细讲解。文字简练，图片详实，图文分析，方便理解和学习，集知识性和可读性于一体，本书涵盖了模板工安全知识、技术规范、岗位技能、操作技能等方面的内容，全文采用图形文字相结合形式，一目了然，便于查找和自学。

本书容包括有：模板施工的安全问题、模板工程的质量控制、模板基础知识、组合钢模板、压型钢板模板安装、现浇结构木模板的施工、大模板、高层建筑滑升模板。

本书可供施工现场的模板工程技术人员和现场工作的模板工人学习参考使用。

责任编辑：朱首明　李　明　李　阳　刘平平
责任设计：董建平
责任校对：张　颖　刘　钰

出 版 说 明

为了提高建筑工人职业技能水平，根据住房和城乡建设部人事司有关精神要求，依据住房和城乡建设部新版《建筑工程施工职业技能标准》（以下简称《职业技能标准》），我社组织中国建筑工程总公司相关专家，对第一版《土木建筑职业技能岗位培训教材》进行了修订，并补充新编了其他常见工种的职业技能培训教材。

第一批教材含新编教材3种：建筑工人安全知识读本（各工种通用）、模板工、机械设备安装工（安装钳工）；修订教材10种：钢筋工、砌筑工、防水工、抹灰工、混凝土工、木工、油漆工、架子工、测量放线工、建筑电工。其他工种教材也将陆续出版。

依据新版《职业技能标准》，建筑工程施工职业技能等级由低到高分为：五级、四级、三级、二级和一级，分别对应初级工、中级工、高级工、技师和高级技师。教材覆盖了五级、四级、三级（初级、中级、高级）工人应掌握的内容。二级、一级（技师、高级技师）工人培训可参考使用。

本套教材按新版《职业技能标准》编写，符合现行标准、规范、工艺和新技术推广的要求，书中理论内容以够用为度，重点突出操作技能的训练要求，注重实用性，力求文字通俗易懂、图文并茂，是建筑工人开展职业技能培训的必备教材，也可供高、中等职业院校实践教学使用。

为不断提高本套教材质量，我们期待广大读者在使用后提出宝贵意见和建议，以便我们改进工作。

中国建筑工业出版社

2015 年 10 月

前　　言

随着现代化建设和现代工程技术的蓬勃发展，城乡建设规模日益扩大，高层建筑业得到迅速发展，钢筋混凝土结构的比重也日渐增大，模板工程在造价、工期及劳动量中都占有非常重要的地位。因此，先进的模板技术对于提高施工速度、提高劳动生产率、提高工程质量、降低成本和实现文明施工，具有非常重要的意义。

随着我国经济建设的飞速发展，城乡建设规模日益扩大，建筑施工队伍逐渐庞大，农民工是建筑工地的主力，肩负着重要的施工职责，是他们将图纸上的建筑线条和数据，一砖一瓦的建成了实实在在的建筑，他们技术水平的高低直接关系到工程项目质量和效率，关系到使用者的生命和财产安全。

本书充分吸收现代技术、工艺、常用材料的应用知识，文字简洁，图文并茂，融知识性和可读性于一体。本书涵盖了模板工岗位知识、操作技能、安全生产等内容，力求做到技术内容新、实用，文字通俗易懂，语言生动，并辅以大量直观的图表，以满足不同文化层次的技术工人和读者的需要。

本丛书在编写上充分考虑了施工人员的知识需求，形象地阐述了施工的要点及基本方法，以使读者掌握关键点，满足施工现场应具备的技术及操作岗位的基本要求，使刚入门的人员与上岗“零距离”接口，尽快入门，使施工人员快速的掌握操作技能。

本书在编写过程中参阅和借鉴了许多优秀的书籍、专著及相关文献，由于编著的学识和经验有限，书中难免存在疏漏或未尽之处，希望广大读者批评指正。

目　录

一、模板施工的安全问题

模板的施工是属于繁重的体力劳动，施工方法和工序对于操作人员的安全会产生威胁，因此注意施工中的安全问题，不仅对于作业人员的安全有利，而且还可以提高施工质量和进度。

（一）模板施工安全的技术交底

模板在制作、安装、使用和拆除的过程中，是由比较专业的模板工人具体操作，若这些施工人员安全生产知识淡薄，必然会存在安全问题。因此，在施工之前，应由有关技术人员向模板工人进行安全技术交底。

模板施工安全技术交底，主要包括木料（模板）的运输与码放，模板的制作与安装和模板的拆除工作等。

1. 木料（模板）运输与码放的安全技术交底

（1）在木料（模板）进行运输前，首先应根据实际情况选用合适的运输工具，并检查使用的运输工具是否存在隐患，对于其运行状态进行认真检查，合格后方可使用。

（2）在木料（模板）进行运输时，如果上下沟槽或构筑物应走马道或安全梯，严禁搭乘吊具，攀登脚手架上下。

（3）所用的安全梯不得缺档，也不得在底部将梯子垫高。安全梯的上端应当绑扎牢固，下端应当设有防滑措施，人字梯的底脚必须用绳索拉牢。严禁两名以上的作业人员在同一梯子上作业。

（4）对于成品和半成品木材应当堆放整齐，不得任意乱放，不得存放在施工现场范围内，木材码放高度一般不超过 1.2m。

（5）木料（模板）的堆放场地，应当严禁烟火，并应按照消防部门的要求配备消防器材。

（6）木料（模板）运输与码放应按照以下要求进行：

1）作业前应当对运输道路进行平整，保持道路坚实，畅通。运输用的便桥应当搭设牢固，桥面宽度应比小车宽度至少多1m，且总宽度不得小于1.5m，便桥两侧必须设置防护栏和挡脚板。

2）在木料（模板）的运输过程中，如果需要穿行地方上的道路，必须严格遵守交通法规，听从指挥。

3）用架子车装运输木料时，应当由两人以上配合操作，以保持架子车稳定；在车子拐弯时应示意，车上不得坐人。

4）使用手推车运输木料时，在平地上前后车子的间距不得小于2m，下坡时应稳步推行，前后车间距应根据坡度确定，一般情况不得小于10m。

5）拼装，存放模板的场地必须平整坚实，不得出现积水和沉陷。在模板存放时，底部垫上方木，堆放应当稳定牢靠，立放应当支撑牢固。

6）在地上码放模板的高度一般不得超过1.5m；在架子上码放模板的高度一般不得超过3层。

7）不得将材料堆放在管道的检查井、消防井、电信井、燃气井和抽水缸井等设施上，也不得随意靠墙堆放材料。

8）使用起重机进行吊装作业时，必须服从信号工的指挥，与驾驶员的协调配合，在起重机的回转范围内，不得有与吊装作业无关人员。

9）在运输木料，模板时，无论采用何种运输工具，均必须绑扎牢固，保持平衡，以防止材料因掉落而损坏。

2. 模板的制作与安装前的安全技术交底

（1）模板安装作业高度在2m以上（含2m)，必须搭设脚手架，按照要求系好安全带。

（2）在进行模板的制作与安装前，首先检查使用的工具是否存在隐患，如手柄有无松动、断裂等，手持电动工具的漏电保护器应试机检查，合格后方可使用，在进行操作时应戴绝缘手套。

（3）木材加工场和木质模板制作与安装的现场，严格禁止烟火，并应按消防部门的要求配备消防器材。

（4）在安装搭设大模板时，必须设专人进行指挥，模板安装工与起重机驾驶员应协调配合，做到稳起，稳落，稳就位。在起重机的回转范围内，不得有与模板安装的无关人员。

（5）在高处进行作业时，所用材料必须码放平稳，整齐。手用的工具应放入工具袋内，不得乱扔乱放，扳手应当用绳子系在身上，使用的铁钉不得含在嘴中。

（6）当使用手锯时，锯条的紧度必须调整合适，下班时要将锯条放松，防止再使用时突然断裂伤人。

（7）在模板的制作与安装作业中，应当随时清扫木屑、刨花等杂物，并送到指定地点堆放，防止污染施工现场。

（8）在模板的制作和安装现场，一般不允许用明火，如果必须采用明火时，应事先申请用火证，并设置专人进行监护。

（9）当采用旧木料制作模板时，首先必须彻底清除木料上的钉子，水泥黏结块等，然后再按设计要求进行制作。

（10）在模板的作业场地，地面应当平整、坚实，不得有积水现象，同时还应排除现场的所有不安全因素。

（11）必须按模板设计和安全技术交底的要求安装模板，不得盲目操作和随意安装，一定要确保施工安全。

（12）在模板安装作业前，应认真检查模板、支撑等构件是否符合设计要求，钢板有无严重锈蚀或变形，木模板及支撑的材质是否合格。不得使用腐朽、劈裂、扭裂、弯曲等有缺陷的木材制作模板或支撑材料。

（13）在进行模板制作与安装作业前，应检查所用工具，设备是否齐全和正常，确认工具和设备安全后方可进行作业。

（14）在模板制作使用锛（或斧）砍料时，必须做到稳、准，不得用力过猛，对面2m范围不得有人。

（15）在槽内安装模板前，必须认真检查槽帮和支撑，确认无塌方危险时才能进行。在槽内运料时，应当使用绳索缓缓放入，操作人员应相互呼应。在进行模板安装作业时，应做到随安装，随固定。

（16）在使用支架支撑模板时，应平整压实地面，底部应垫5cm厚的木板。必须按安全技术要求将各节点拉杆，撑杆连接牢固。

（17）配合吊装机械安装模板作业时，必须服从信号工的统一指挥，与起重机驾驶协调配合，起重机回转范围内不得有无关人员。支架、钢模板等构件就位后，必须采取撑、拉等措施，固定牢靠后方可摘钩。

（18）操作人员上、下架子必须走马道或安全梯，严禁利用模板支撑攀登上下，不得在墙顶，梁顶及其他高处狭窄而无防护的模板上行走。严禁从高处向下方抛掷物料，搬运和安装模板时应稳拿轻放。

（19）模板立柱的顶部支撑必须设置牢固的拉杆，不得与门窗等不牢靠和临时物件相连接。模板在安装过程中，一般不得停歇，柱头，搭头，立柱顶撑，拉杆等必须安装牢固成整体后，作业人员才可以离开。暂停作业时，必须进行检查，确认所支模板，撑杆及连接件稳固后方可离开现场。

（20）在浇筑混凝土过程中必须对模板进行监护，仔细观察模板的位移和变形的。发现异常时必须及时采取稳固措施。当模板变位较大，有可能发生倒塌时，必须立即通知现场作业人员离开危险区域，并及时报告上级。

（21）支架支撑的竖直偏差必须符合安全技术要求，支架支撑安装完成后，必须经验收合格方可进行安装模板作业。

（22）基础及地下工程模板安装之前，必须检查基坑土壁边坡的稳定状况，基坑上口边沿1m以内不得堆放模板及材料，向槽（坑）内运送模板构件时，严禁从高处抛掷，应使用溜槽，绳索或起重机械运送，下方操作人员必须远离危险区。

（23）在组装柱子模板时，四周必须设置牢固支撑，如柱子的模板高度在6m以上，应将几个柱子模板连成整体。独立梁的模板应搭设临时工作平台，不得站在柱子模板上操作，也不得站在梁底板模板上行走和安装侧向模板。

3. 模板拆除工作的安全技术交底

（1）拆除大模板必须设专人指挥，模板拆除人员与起重机驾驶员应协调配合，做到稳起、稳落、稳就位。在起重机的回转范围内，不得有与拆除模板工作的无关人员。

（2）在进行模板拆除作业前，首先应检查使用的工具是否存在隐患，如手柄有无松动、断裂等，手持电动工具的漏电保护器应试机检查，合格后方可使用，操作时应戴绝缘手套。

（3）拆除模板作业高度在2m以上（含2m）时，必须搭设脚手架，按照要求系好安全带。

（4）在高处进行拆除作业时，材料必须码放平稳、整齐。手用工具应放入工具袋内，不得乱扔乱放，扳手应用小绳系在身上，拆下的铁件不得任意抛下。

（5）拆除木模板，起模板钉子和进行码垛作业时，施工人员不得穿胶底鞋，着身应当紧身利索。

（6）在拆除用小型钢支撑的顶板模板时，严禁将支柱全部拆除后，将模板一次性拉拽拆除；已经拆除松动的模板，必须一次连续拆完方可停歇，严禁留下安全隐患。

（7）在拆除模板时，混凝土必须满足拆除时所需的强度，必须经工程技术人员同意后拆除，不得因拆除模板而影响混凝土结构工程的质量。

（8）必须按拆除方案和专项技术交底要求作业，统一指挥，分工明确。必须按程序作业，确保未拆除部分处于稳定，牢固状态。应当按照先支后拆，后支先拆的顺序，先拆非承重模板，后拆承重模板及支撑。

（9）当使用吊装机械拆除模板时，必须服从信号工的统一指挥，必须待吊具挂牢后方可拆除支撑、模板，支架落地放稳后方可摘钩。

（10）严禁使用吊车直接拆除没有松动的模板，吊运大型整体模板时，必须绑扎牢固，并且使模板的吊点平衡，吊运大钢模板时必须用卡环进行连接，就位后必须连接牢固方可卸除吊钩。

（11）应当随时清理拆下的物料，做到边拆，边清，边运，边按规格码放整齐。楼层高处拆除的模板严禁向下抛掷，必须用运输工具运至地面。在暂停拆除模板时，必须将活动杆件支稳后方可离开现场。

（12）严禁采用大面积拉、推的方法拆除模板。拆除模板时，必须按专项技术交底要求先拆除卸掉荷载的位置；必须按规定程序拆除撑杆、模板和支架。严禁在模板下方用撬棍撞，撬模板。

（13）在拆除模板作业时，必须设置警戒区，严禁下方有人进入，拆除模板作业人员必须站在平稳可靠的地方，保持自身平衡，不得猛撬，以防失稳坠落。

（14）在拆除电梯井及大型孔洞模板时，在下层必须设置安全网等可靠的防止坠落的安全措施。

（二）模板工人的安全操作规程

模板安装是由人工进行的，模板工人严格按照安全技术操作规程进行施工，不仅能确保模板工程的安全质量，而且还关系到施工工人的安全。根据模板安装施工经验，应遵循以下操作规程：

（1）凡遇到恶劣天气，如大雨、大雾及6级以上的大风，应停止露天高空作业；当风力达到5级时，不得进行大模板、台式模板等大件模具的露天吊装作业。

（2）在高空拆模时，作业区周边及进出口应设围栏并加设明显标志和警告牌，严禁非作业人员进入作业区。在垂直运输模板和其他材料时，应设专人统一指挥，设置统一信号。

（3）在模板安装过程中，脚手架的操作层应保持畅通，不得堆放超载的材料。交通过道应有适当高度。工作前应检查脚手架的牢固性和稳定性。

(4) 脚手架的操作层应保持畅通，不得堆放超载的材料。交通过道应有适当高度。工作前应检查脚手架的牢固性和稳定性。

(5) 作业人员必须正确使用防护用品，着装整齐，袖口扎紧，穿防滑鞋。作业时，配件及模板严禁上下抛掷，配件用箱或袋子集中吊运；配件及工具放在袋内，不得乱堆乱放。

(6) 严禁操作者站在钢模、钢管或不稳固、不安全的物体上进行作业，作业面下方严禁站人或通行。

(7) 模板和拉杆没有固定前，上面不准人在上面行走，或采取蹬拉等方式操作，组织完的模板不准超过允许负荷，站人不准集中。

(8) 拆除模板应经施工技术员同意，操作时应按顺序分段进行，严禁猛撬，硬砸或大面积撬落和拉倒。施工现场应做到工程完毕料物清理，不得留下松动和悬挂的模板，拆下的模板应及时运输到指定地点集中堆放，防止钉子扎脚。

(9) 施工现场的电气设备，线路与模板间必须保持安全距离，严禁混放和拖拉在钢模，钢筋上。

(10) 支设 4m 以上的立杆模板，四周模板钉牢，操作时要搭设工作台；不足 4m 的可使用马凳进行操作。

(11) 在高处进行作业时，应当搭设脚手架；在建筑物的边缘进行作业时，必须系好安全带。组装或拆除钢模上下穿插作业时，操作者不准在一条直线上，必须错开位置。

(12) 装拆组合钢模时，上下应有人接应，钢模板及配件应随装随转运，严禁从高空向下抛掷。已松动处必须拆卸完毕方可停歇，如中途停止拆卸，必须把松动的部件固定牢靠。

(13) 在模板支撑系统未钉牢前不得上人，在未安装好的梁底板或平台上不得放重物或行走。

(14) 高空作业时，连接件（包括钉子）等材料必须放在箱盒内或工具袋里，工具必须装在工具袋中，严禁散放在脚手板上。

（三）滑动模板施工的安全技术

滑动模板施工工艺是一种使混凝土在动态下连续成形的快速施工方法。在整个施工过程中，操作平台支撑于低龄期混凝土上加以稳固，且直径和刚度较小的支撑杆上，如果施工中稍有不慎，则会出现重大的事故。因而确保滑动模板施工安全，是滑动模板施工工艺中一个极其重要的问题。

滑动模板施工中的安全技术工作，出应遵循一般工程施工安全操作规程外，还应遵循《液压滑动模板施工安全技术规程》JGJ 65—2013 和《滑动模板工程技术规范》GB 50113—2005 中的规定，在正式施工前制定具体的安全措施。具体的安全措施主要应包括以下几个方面：

1. 滑动模板施工安全技术方面的一般规定

滑动模板工程在开工之前，施工单位必须根据工程结构和施工特点以及施工环境，气候条件等，编制滑动模板施工安全技术措施，作为滑动模板施工组织设计的组成部分，报上级安全和技术主管部门审批后实施。滑动模板工程施工负责人必须对安全技术全面负责。

在进行滑动模板施工中，必须配备具有安全技术知识，熟悉安全规程和《滑动模板工模板技术规范》GB 50113—2005 的专职安全检查员。安全检查员负责滑动模板施工现场的安全检查工作，对违章作业有权加以制止。发现重大不安全问题时，有权指令先行停工，并立即报告有关领导研究处理。

对参加滑动模板工程施工的人员，必须进行技术培训和安全教育，使其了解本工程滑动模板施工特点，熟悉安全规程中的有关条文和本岗位的安全技术操作规程，并通过考核合格后，才能上岗工作。参加滑动模板工程的施工人员，应做到相对固定。

在滑动模板施工过程中，应经常与当地的气象台（站）取得联系，遇到雷雨和六级（包括六级）以上大风时，必须停止施工。停工前应制定可靠的停止滑动措施，操作平台上的施工人员撤离前，应对设备，工具，零散材料和能移动的铺板等进行整理，固定并做好防护工作。全部人员撤离后，立即切断通向操作平台的供电系统。

滑动模板操作平台上的施工人员应进行定期体检，经医生诊断其患有高血压、心脏病、贫血、癫痫病及其他不能从事高空作业疾病的，不得在操作平台上工作。

2. 运输设备与动力，照明用电的安全技术

滑动模板施工中所使用的垂直运输设备，应根据滑动模板的施工特点、建筑物的形状、施工现场地形和周围环境等条件，在保证施工安全的前提下进行选择。

垂直运输设备安装完毕后，应按出厂说明书的要求进行无负荷，静负荷，动负荷试验及安全保护装置的可靠性试验。在使用过程中，对垂直运输设备，应建立定期检修和保养制度。

各类井架的缆风绳，固定卷扬机所用的锚索，装拆塔式起重机等所用的地锚，按定值设计法设计时的经验安全系数，应符合下列规定：在垂直分力作用下的安全系数不小于3；在水平分力作业下的安全系数不小于4；缆风绳和锚索必须用钢丝绳，其安全系数不小于3.5。

当采用竖井架或随升井架作为滑动模板的垂直运输设备时，必须验算在最大起重量，最大起重高度，风载，导轨张紧力，制动力等最不利情况下结构的强度和稳定性。

竖井架的安装和拆除应符合下列规定：

（1）竖井架的支承底座安装的水平偏差不大于1/1000，且不大于10cm，并无扭转现象。

（2）竖井架架身的垂直偏差度偏差不大于1/1000，且不大于10cm，并无扭转现象。

（3）缆风绳的张紧或放松应对称，同时进行。位于结构物内的井架与结构物的柔性连接，也应均匀对称拉撑，柔性结点应设计验算，其间距不宜大于10m。

（4）缆风绳越过高压电线时，必须搭设竹、木脚手架保护，并保持一定的安全距离。

（5）井架的安装和拆除必须有安全技术措施。与井架配套使用的卷扬机设置地点，距卷扬机前的第一个导向滑轮之间的距离，不得小于卷筒长度的20倍。

在滑动模板的施工过程中，采用自制的井架或随升井架及非标准电梯或罐笼运送物料和人员时，应采用双绳双筒同步卷扬机。当采用单绳卷扬机时，罐笼两侧必须设有安全卡钳。

选用的安全卡钳应当结构合理，工作可靠，其设计和验算应符合下列要求：

（1）在使用的安全卡钳中，楔块工作面上的允许压强应不小于150MPa。

（2）在罐笼运行时，安全卡钳的楔块与导轨（稳绳）工作面的间隙，不应大于2mm。

（3）安全卡钳钢制零件按定值设计法设计时，其经验安全系数不得小于3.5，楔块的材质不低于45号钢，工作面的硬度不低于45HRC。自行设计的安全卡钳安装后，应按最不利情况进行负荷试验，并经过安全和技术主管部门鉴定合格后，方可投入使用。

电梯或罐笼的柔性导轨（稳绳），应采用金属芯的钢丝绳，其直径一般为19.5mm。柔性导轨的张紧力，一般按每100m长取10～12kN。每副导轨中两根导轨的张紧力之间以不超过15%～20%为宜。采取双罐笼时，张紧力相同的导轨应按中心对称设置。柔性导轨应设有测力装置，并有专人使用和检查。

当使用非标准电梯或罐笼时，其接触地面处应设置缓冲器，缓冲器的种类可按表1-1中所示进行选择。

缓冲器的种类 **表1-1**

缓冲器种类	电梯或罐笼速度/（m/s）
弹性实体或弹簧	0.25～0.50
弹簧	0.50～1.00
液压	>1.00

滑动模板施工的动力及照明用电应设有备用电源，当没有备用电源时，应考虑停电时的安全和施工人员的上下措施。

在滑动模板施工现场的场地和操作平台上，应分别设置配电装置。附着在操作平台上的垂直运输设备，应有上下两套紧急断电装置。总开关和集中控制开关必须有明显的标志。

从地面向滑模操作平台供电的电缆，应以上端固定在操作平台上的拉索为依托，电缆和拉索的长度应大于操作平台最大滑升高度 10m，电缆在拉索上相互固定点的间距，不应大于 2.0m，其下端应比较理顺，并要设置防护措施。

滑动模板施工现场的夜间照明，应确保工作面上的照明符合施工要求，其照明设施应符合下列具体规定：

(1) 施工现场的灯头距地面的高度，不应低于 2.5m，在易燃、易爆的施工现场，应使用防爆灯具。

(2) 操作平台上有高于 30V 的固定照明灯具时，必须在其线路上设置触电保安器，灯泡应配有防雨灯或保护罩。

(3) 动模板操作平台上的便携式照明灯具，应采用低压电源，其电压不应高于 36V。

滑动模板操作平台上采用 380V 电压供电的设备，应装有触电保安器。经常移动的用电设备和机具的电源线应使用橡胶软线。

3. 施工现场与操作平台方面的安全技术

在滑动模板施工的建（构）筑物周围，必须划分出施工危险警戒区。警戒线建（构）筑物的距离，不应小于施工对象高度的 1/10，且不小于 10m。当不能满足这个要求时，应采取有效的安全防护措施。

危险警戒线应设置在比较牢固的围栏和明显的警戒标志，出入口应设专人警卫，并制定相应的警卫制度。

危险警戒区内的建（构）筑物出入口，地面通道及机械操作场所，应搭设高度不低于 2.5m 的安全防护棚。滑动模板在进行立体交叉作业时，上、下工作面之间应搭设隔离防护棚。各种牵拉的钢丝绳，滑动运输装置，管道，电缆及设备等，均应采取可靠的防护措施为确保滑动模板施工中的人身安全，各处设置的防护棚构造应满足下列要求：

（1）防护棚所用的材料应符合现行标准的规定，其构造组成和材料品种，规格应通过计算确定。

（2）防护棚的棚顶一般采用不少于二层纵横交错铺设的木板或竹夹板组成，木板的厚度不应小于 3cm，重要场所应增加一层 2～3mm 的钢板。

（3）当垂直运输设备需要穿过防护棚时，在防护棚所留洞口的周围，应当设置围栏和拦板，其高度不应小于 800mm。

（4）建（构）筑物的内部所用防护棚，应从中间向四周留坡；外部所用的防护棚，应当倒成向内的坡度（外高内低）。其坡度均不小于 1∶5。

（5）烟囱、灯塔等高大类构筑物，当利用平台、灰斗底板代替防护棚时，在其板面上应并取缓冲措施。

滑动模板施工现场垂直运输机械的布置，应符合以下要求：

（1）垂直运输机械所用的卷扬机，应布置在危险警戒区以外，并尽量设在能与塔架上，下通视的地方。

（2）当一个施工现场采用多台塔式起重机作业时，每台起重机的位置应科学布置，防止起重机互相碰撞。

滑动模板操作平台的设计应具有完整的设计计算书、技术说明及施工图，并经有关技术人员审核，报主管部门批准后才能进行安装。滑动模板操作平台的制作，必须按设计图加工，如制作中有变动，必须经主管设计人员同意，并应有相应的设计变更文件。

操作平台和吊脚手架上的铺板，必须严密平整，强度满足，刚度适宜，固定可靠和防滑，并不得随意进行挪动。操作平台上的孔洞，应设盖板封严。操作平台和吊架手架的边缘，应设置钢制防护栏杆，其高度不小于 120cm，横档的间距不大于 35cm，底部设高度大于 18cm 的挡板。

在防护栏杆的外侧应满挂铁丝网或安全网封闭，并应与防护栏杆绑扎牢固。内外吊脚手架操作面一侧的栏杆与操作面的距离，应不大于10cm。操作平台的内外吊脚手架，应兜底满挂安全网，并应符合下列具体要求：

（1）安全网片之间应满足等强连接，连接点的间距与网结的间距相同。

当滑动模板操作平台上设有随升井架时，在人，料道口处应设置防护栏杆；在其他侧面应用铁丝网进行封闭。防护栏杆和封闭用的铁丝网高度不应低于1.2m。

连接变截面结构的外挑式操作平台时，按照施工组织设计的要求及时进行变更，并拆除多余的部分。

（2）不得使用质量不合格和腐烂变质的安全网，安全网与吊脚手架应用铅丝或尼龙绳等进行等强连接，连接点之间的距离不应大于50cm。

（3）对于旧建筑物改造工程或离周围建筑较近，或行人较多的地段，操作平台的外侧吊脚手架应特别加强安全防护，安全网必须安全、牢固、可靠。

（四）施工中通信与信号方面的安全技术

在滑动模板施工组织设计中，应根据施工的具体要求，对滑动模板的操作平台，工地办公室，垂直和水平的运输控制室、供电、供水、供料等部位的通信联络，做出相应的技术设计，主要包括：对通信联络方式，通信联络装置的技术要求和联络信号等做出明确规定；制定比较可靠的相应通信联络制度。

在滑动模板的施工过程中，通信联络设备及信号，应由专人管理和使用。垂直运输机械起动的信号，应由重物，罐笼或升降台停留处发出。司机接收到动作信号后，在起动前应发出动作回铃，以告知各处做好准备。联络不清，信号不明，司机不得擅自起动垂直运输机械。当滑动模板操作平台最高部位的高度超过

50m 时，应根据航空部门的要求设置航空指示信号。在机场附近进行滑动模板施工时，航空信号和设置的高度，应征得当地航空部门的同意。

当采用罐笼或升降台等作为垂直运输机械时，其停留处，地面落罐（台）处及卷扬机室等，必须设置通信联络装置及声，光指示信号。各处信号应统一规定，并挂牌标明。

（五）滑动模板的防雷，防火与防毒安全技术

滑动模板在施工过程中的防雷装置和措施，应符合《建筑物防雷设计规范》GB 50057—1994 中的要求，还应符合以下要求：

（1）施工现场的井架，脚手架，升降机械，钢索，塔式起重机的钢轨，管道等大型金属物体，应与防雷装置的引下线相连。

（2）临时接闪器的设置高度，应使整个滑动模板操作平台在其保护范围内。

（3）滑动模板操作平台的最高点，如在邻近防雷装置接闪器的保护范围内，可不安装临时接闪器；相反地，则必须安装临时接闪器。

（4）防雷装置必须具有良好的电气通路，并与接地体相连。

（5）接闪器的引下线和接地体，应设置在人不去或很少去的地方，接地电阻应与所施工的建（构）筑物防雷设计类别相同。

滑动模板操作平台上的防雷装置应设专用的引下线，也可利用工程正式引下线。当采用结构钢筋和支承杆作为引下线时，应当确定引下线的走向。作为引下线使用的结构钢筋和支承杆接头，必须焊接成电气通路，结构钢筋和支撑杆的底部应与接地体连接。

当施工中遇到有雷雨时，所有露天高空作业人员应撤到地面，人体不得接触防雷装置。

滑动模板操作平台上应设置足够和适用的灭火器及其他消防设施；操作平台上不应存放易燃物品；使用过的油布，棉纱等物

品应及时回收，不要随意丢弃。

在滑动模板操作平台上使用明火或进行电（气）焊时，必须采取可靠的防火措施，并经专职安全人员确认安全后，在进行正式作业。

混凝土的养护所用的水管及爬梯等，应随模板的滑升而安装，以便消防及人员疏散时使用。在冬期施工时，滑动模板操作平台上不采用明火取暖。

施工现场有害气体浓度的卫生标准，应当符合国家现行标准《工业企业设计卫生标准》GBZ1—2010 中的规定。滑动模板操作平台处于有害气体影响范围之内时，应根据具体情况，采用下列防护措施之一：

（1）设置相应有害气体的报警装置或检测管，并有相应的防毒用具。如果有害气体的浓度超过卫生标准时，施工人员应戴防毒口（面）罩。

（2）当施工现场有毒气体的浓度超过卫生标准时，也可以甲、乙双方协商，采取停止操作，相互错开班次或改道进行排放等有效措施。

在配制和喷涂有毒性的养护剂时，操作人员必须穿戴防护用品，并应在通风良好的条件下进行。当通风条件不能满足要求时，施工人员必须戴防毒口（面）罩。

（六）滑动模板施工操作过程中的安全技术

在滑动模板正式滑升之前，应进行全面的安全技术方面的检查，并应符合下列要求：

（1）动力及照明用电线路，关系到施工是否顺利，人员是否安全，在正式使用前应进行检查，其设计应合理，使用应安全，保护装置可靠。

（2）滑动模板的操作平台系统，模板系统及连接部位等，均必须符合设计要求。

(3) 液压系统是滑动模板提升的动力，其油路设计，所用设施和油压等，应经试验合格后方便使用。

(4) 垂直运输机械设备系统及其安全保护装置，在正式使用前必须进行试车，合格后才能投入使用。

(5) 通信联络与信号装置是施工中不可缺少的设施，为确保通信联络与信号畅通、准确，在正式使用前必须进行调试，合格后才能投入使用。

(6) 安全防护设施关系到施工人员的安危，必须符合有关规定中的施工安全技术要求。

(7) 滑动模板系统中的防火、防雷、防冻和防毒等各方面，必须符合施工组织设计中的要求。

(8) 为使全体施工人员重视安全技术工作，在正式上岗前必须进行技术培训、考核和安全教育。

(9) 施工企业在滑动模板正式施工前，必须建立健全有关安全技术方面的管理制度。

在模板施工的过程中必须设专人进行统一指挥，液压控制台应有持证人员操作。

在滑模的初步滑升阶段，必须对滑模装置和混凝土的凝结状态进行检查，发现问题，及时纠正。

滑动模板应严格按施工组织设计中的要求控制滑升速度，严格禁止随意超速滑升。

操作平台材料堆放的位置及数量，应当符合施工组织设计中的要求，将不用的材料、设备、工具、物件等，应及时清理并运至地面。

严格控制结构的偏移和扭转。结构纠正偏移和纠正扭转的操作，应在施工指挥人员的统一指挥下，按施工组织设计中预定的方法并缓慢地进行。

每个作业班组应设专人负责检查混凝土的出模强度，在常温下混凝土的出模强度应不低于0.2MPa。当出模的混凝土发生下坠、流淌或局部坍落现象时，应立即采取停止滑升措施。

在模板的滑升过程中，操作平台应保持基本水平，各千斤顶的相对高差不得大于 40mm。相邻的两个提升架上千斤顶的相对高差，不得大于 20mm。

在滑动模板的滑升过程中，应随时检查支承杆的工作状态，当出现弯曲、倾斜等失稳情况时，应及时查明原因，并采取有效的加固措施。

在滑动模板的施工过程中，支撑杆的接头检查时按下列要求进行：

（1）在同一个结构的截面内，支承杆接头的数量不应大于总数的 25%，并且位置应均匀分布，不得集中在某一处。

（2）当采用工具式支承杆时，支承杆的丝扣接头必须拧紧，并要进行认真检查。

（3）当采用榫接或作为结构钢筋使用的非工具式支承杆接头，在其通过千斤顶后，应进行等强焊接。

（七）滑动模板装置拆除过程中的安全技术

为确保滑动模板装置拆除的顺利和安全，必须编制详细的施工方案，明确拆除的内容、方法、程序、使用的机械设备、安全措施及指挥人员的职责等，并经主管部门审批。对拆除工作难度较大的工程，还应经上级主管部门审批后方可实施。

在滑动模板装置拆除前，必须组织拆除专业队进行技术培训和交底，并指定专人负责统一指挥。凡是参加拆除工作的作业人员，技术培训必须考试合格，不得中途随意更换作业人员。

拆除作业必须在白天进行，宜采用分段整体拆除，地面解体的方法。拆除的部件及操作平台上的一切物品，均不得从高空抛下。

拆除模板中使用的垂直运输设备和机具，必须经检查合格后方可使用。在滑动模板装置拆除前，应检查各支承点埋设件的牢固情况，检查作业人员上下走道是否安全可靠。当拆除工作利用正在施工结构作为支承点时，对于结构混凝土强度的要求，应经过结构验算确定，且不低于 15MPa。

当遇到雷雨、雾、雪、霜或风力达到五级以上的天气时，不得进行滑动模板装置的拆除作业。

对于高大垂直的烟囱、水塔等构筑物，为确保进行拆除作业时的安全，应在顶端设置安全行走平台。

二、模板工程的质量控制

混凝土结构工程，其位置、形状、尺寸和施工质量如何，在一定程度上与模板的制作、安装和拆除质量密切相关。若模板制作良好、安装正确、形状准确、固定牢靠，浇筑和拆除后的混凝土结构质量自然会符合设计要求，施工人员在施工过程中也能确保安全。如果模板的制作、安装和拆除不符合设计要求，浇筑的混凝土结构必然也不合格。因此，对模板工程的质量控制，是模板工程施工中一项非常重要的内容。

（一）模板安装的质量要求及检验

模板的安装是混凝土结构施工中的重要环节。如果模板安装质量不符合设计要求，也就无法浇筑出来形式正确，尺寸正确的混凝土结构；如果模板安装不牢固，甚至还会出现安全事故，造成巨大损失。因此，严格控制模板的安装质量，是混凝土结构工程施工中及其重要的内容。

模板工程安装的质量要求及检验项目，见表 2-1～表 2-4。

模板安装质量控制要点　　表 2-1

项目内容	质量控制	验收方法	控制要点
模板支撑支柱位置和垫板	安装上层模板及其支架时，下层楼板应具有承受上层荷载的承载能力，或者加铰支架；上下层支架的立柱应对准，并铺垫板，要进行设计计算确定	检查数量，全数检查，检验方法，观察	现场浇筑多层房屋和构筑物的模板及其支架安装时，上、下层支架的立柱应对准，以利于混凝土重力及施工荷载的传递，这是保证施工安全和施工适量的有效措施。在现行规范中，凡规定全数检查的项目，通常均采用观察检查的方法，但对观察难以判定的部位，应辅以量测检查

续表

项目内容	质量控制	验收方法	控制要点
避免隔离剂的污染	在涂刷模板隔离剂时，要按顺序和位置小心涂刷，不得污染钢筋和混凝土接槎处	检查数量，全数检查，检查方法，观察	隔离剂污染钢筋和混凝土的接槎处，可能对混凝土结构受力性能造成明显的不利影响，在施工中应当避免
模板安装的一般要求	模板的接缝处不应漏浆；在浇筑混凝土前，木板应浇水湿润，但模板内不应有积水现象。模板与混凝土的接触面应清理干净并涂刷隔离剂，但不得采用影响结构性能或妨碍装饰工程施工的隔离剂。在浇筑混凝土前，模板内的杂物应清理干净。对于清水混凝土工程和装饰混凝土工程，应选用达到设计效果的模板	检查数量，全数检查，检查方法，观察	无论是采用何种材料制作的模板，接缝处都应当保证不出现漏浆。木模板浇水湿润有利于接缝闭合而不产生漏浆，但因浇水湿润后产生膨胀，所以木模板安装时的接缝也不宜过于严密。模板内部与混凝土的接触面应清理干净，以避免出现夹渣等缺陷 本条还对清水混凝土工程及装饰混凝土工程所使用的模板提出要求，以适应混凝土结构施工技术发展的需要
用作模板的地坪、胎膜板的质量	用作模板的地坪、胎膜板等应平整光洁，不得产生影响构件质量的下沉、裂缝、起砂或起鼓现象	检查数量，全数检查，检验方法，观察	本条对用作模板的地坪、胎膜板等提出平整光洁的要求，这项要求为了保证预制构件的成型质量
预制构件模板允许偏差	预制构件模板得到允许偏差应符合表2-2中的规定	检查数量：首次使用及大修后的模板全数检查；使用中的模板定期检查，并根据使用情况不定期抽查	由于模板对保证构件适量非常重要，且不合格模板容易返修成合格品，允许模板进行修理，合格后方可投入使用。施工单位应根据构件质量检验得到的模板质量反馈信息，对连续周转使用的模板定期检查并不定期抽查

续表

项目内容	质量控制	验收方法	控制要点
预埋件、预留孔洞的允许偏差	固定在模板上的预埋件、预留孔洞均不得遗漏，且应安装牢固，其允许偏差应符合表2-3中的规定	检查数量：在同一检验批内，对梁、柱和独立基础，应抽查构件数量的10%，且不少于3件；对板和墙，应按有代表性的自然抽查10%，且不少于3间；对大空间结构，墙可按相邻线间高度5m左右划分检查面，抽查10%，且不少于3面 检查方法：钢直尺检查	对于预埋件的外露长度，只允许有正的偏差；对于预留孔洞内部尺寸，只允许大些，不允许偏小。在允许偏差表中，不允许的偏差都以“0”表示在现行的新规范中，尺寸偏差的检验除了可采用条文中给出的方法外，也可以采用其他方法和相应的检测工具
现浇结构模板的允许偏差	现浇模板的允许偏差应符合表2-4中的规定	检查数量：在同一检验批内，对梁、柱和独立基础，应检查构件数量的10%，且不少于3件；对板和墙，应按有代表性的自然间抽查10%，且不少于3间；对大空间结构，墙可按相邻轴线间高度5m左右划分检查面，抽查10%。且不少于3面 检查方法：钢直尺检查	对于一般项目，在不超过20%的不合格检查点中不得有影响结构安全和使用功能的过大尺寸偏差。对于有特殊要求的结构中的某些项目，当有专门标准规定或设计要求时，尚应符合相应的要求

续表

项目内容	质量控制	验收方法	控制要点
模板起拱的高度	对于跨度不小于4m的现浇板钢筋混凝土梁、板，为确保浇筑后中间不出现下沉，其模板应按设计要求进行起拱；当设计中无具体要求时，起拱的高度一般宜为跨度的1/1000～1/2000	检查数量：在同一检验批内，对梁应抽查构件数量的10%，且不少于3件；对板应按有代表性的自然间抽查10%，且不少于3间；对大空间结构，板可按纵横轴线划分检查面，抽查10%，且不少于3面 检查方法：水准仪或拉线、钢直尺检查	对于跨度较大的现浇混凝土梁和板，考虑到它们自重的影响，适度起拱有利于保证构件的形状和尺寸执行时应注意本条的直拱高度未包括设计起拱值，而只考虑模板本身在荷载作用下的下垂，因此对钢模板可取偏小值，对木模板可取偏大值

预制构件模板安装的允许偏差及检验方法　　　表 2-2

项目		允许偏差/mm	检验方法
长度	板、梁	±5	钢直尺量两角边，取其中较大值
	薄腹梁、桁架	±10	
	柱	0，−10	
	墙板	0，−5	
宽度	板、墙板	0，−5	钢直尺一端及中部，取其中较大值5
	梁、薄腹梁、桁架、柱	+2，−5	
高（厚）度	板	+2，−3	钢直尺量一端及中部，取其中较大值
	墙板	0，−5	
	梁、薄腹梁、桁架、柱	+2，−5	

续表

项　目		允许偏差/mm	检验方法
侧向弯曲	梁、板、柱	$L/1000$ 且≤15	拉线、钢直尺量最大弯曲处
	墙板、薄腹梁、桁架	$L/1500$ 且≤15	
板的表面平整度		3	2m 靠尺和塞尺检查
相邻两板表面高低差		1	钢直尺检查
对角线差	板	7	钢直尺量两个对角线
	墙板	5	
翘曲	板、墙板	$L/1500$	用调平尺子在两端量测
设计起拱	薄腹梁、桁架、梁	±3	拉线、钢直尺量中间

注：l 为构件的长度（mm）

预埋件和预留孔洞的允许偏差　　　　表 2-3

项　目		允许偏差/mm
预埋钢板中心线位置		3
预埋管、预留洞中心线位置		3
插筋	中心线位置	5
	外露长度	+10，0
预埋螺栓	中心线位置	2
	外露长度	+10，0
预留洞	中心线位置	10
	尺寸	+10，0

注：检查中心线位置时，应按纵横两个方向量测，并取其中的最大值。

现浇结构模板安装的允许偏差　　　　表 2-4

项　目	允许偏差/mm	检验方法
辅助位置	5	钢直尺检查
底模上表面标高	±5	水准仪或拉线、钢直尺检查

续表

项　目		允许偏差/mm	检验方法
截面内补尺寸	基础	±10	钢直尺检查
	柱、墙、梁	+4，-5	钢直尺检查
层高垂直度	不大于5m	6	经纬仪或吊线、钢直尺检查
	大于5m	8	经纬仪或吊线、钢直尺检查
相邻两板表面高低差		2	钢直尺检查
表面平整度		5	2m靠尺和塞尺检查

注：检查轴线位置时，应按纵横两个方向量测，并取其中较大值。

（二）模板验收的一般规定

为确保模板工程符合混凝土结构的设计要求，模板在制作和安装完毕后，必须按照有关规定进行检查验收。模板检查验收的项目内容，质量验收要求，验收方法和质量控制要点见表2-5。

模板检查验收的一般规定　　表2-5

项目内容	质量验收要求	验收方法	质量控制要点
模板及支架的基本要求	模板及其支架应根据工程结构形式、荷载大小、地基土类别、施工设备和材料供应等条件进行设计。模板及其支架应具有足够的承载能力、刚度和稳定性，能可靠的承受浇筑混凝土的重量、侧压力以及施工荷载	检查模板施工方案	这项质量控制提出了对模板及其支架的基本要求，这是保证模板及其支架的支架的安全，并对混凝土结构成型质量起重要作用的项目。多年的工程实践经验证明，这些要求对保证混凝土结构的施工质量是十分重要的。这是一项强制性条文，应当严格执行

续表

项目内容	质量验收要求	验收方法	质量控制要点
混凝土浇筑对模板的要求	在正式浇筑混凝土之前，应对工程进行验收。模板安装和浇筑混凝土时，应对模板及其支架进行观察和维护。当发生异常情况时，应按施工技术法案及时进行处理	检查模板验收记录并在浇筑混凝土时派专人看护	在浇筑混凝土的施工中，模板及其支架在混凝土重力、测压力及施工荷载等作用下，胀模（变形）、跑模（位移）和坍塌等质量问题时有发生。为避免出生事故，保证工程质量和施工安全，提出了模板及其支架进行观察、维护和发生异常情况时及时进行处理的要求
模板及其支架的指导文件	木模板及其支架拆除的顺序及安全措施应按施工技术方案执行	检查模板施工方案	模板及其支架拆除的顺序及相应的施工安全措施，对于避免出现重大施工安全事故，在制定施工技术方案是应考虑周全。模板及其支架拆除时，混凝土结构可能尚未形成设计要求的受力体系，必要时应加设临时支撑。后浇筑混凝土模板的拆除及支顶易被忽视而造成结构缺陷，应当引起特别注意。这也是一项强制性条文，应当严格执行

（三）模板拆除的质量要求及检验

模板拆除也是混凝土结构工程施工中的重要环节。如果拆除方法不当，很可能对操作人员的安全造成威胁；如果拆除时间过早或过迟，不仅会造成对混凝土或模板的破坏，而且拆除十分困难和费时。因此，对于模板拆除时，应按照规定的时间、方法和顺序进行，才能达到拆除容易，结构完好，模板完整，安全可靠的要求。

模板拆除的质量要求及检验见表 2-6。

模板拆除的质量要求及检验　　表 2-6

项目	项目内容	质量要求	质量检验
主控项目	底模及其支架拆除时的混凝土强度	底模及其支架拆除时的混凝土强度应当符合设计要求；当设计无具体要求时，混凝土强度应当符合表 2-7 中的规定	检查数量：全数检查；检查方法：检查同条件养护试件强度试验报告
	后张法预应力构件侧面模板和底模的拆除时间	对于后张法预应力混凝土结构构件，侧面模板应在预应力张拉前拆除；底模支架的拆除应按施工技术方案执行，当无具体要求时，不应在结构构件建立预应力前拆除	检查数量：全数检查；检验方法：观察
	后浇混凝土带拆除和支顶	后浇混凝土带模板的拆除和支顶应按施工技术方案执行	检查数量：全数检查；检验方法：观察
一般项目	避免拆除模板损伤	侧面模板拆除时的混凝土强度应能保证其表面及棱角不受损伤	检查数量：全数检查；检验方法：观察
	模板拆除、堆放和清运	模板拆除时，不应对楼层形成冲击荷载拆除的模板和支架宜分散堆放并及时清运	检查数量：全数检查；检验方法：观察

底模拆除时的混凝土强度要求　　表 2-7

构件类型	构件跨度/m	达到设计的混凝土立方体抗压强度标准值的百分率/%
板	≤2	≥50
	>2，≤8	≥75
	>8	≥100

续表

构件类型	构件跨度/m	达到设计的混凝土立方体抗压强度标准值的百分率/%
梁、拱、壳	≤8	≥75
	>8	≥100
悬臂构件		≥100

（四）模板工程应注意的质量问题

模板工程在施工过程中，如果确保模板的施工质量和做好模板的成品保护，是一个非常重要的技术经济问题。如果不注意加强对成品的保护，模板在安装和使用中将造成很大困难，甚至使工程增加投资，存在危险；如果不注意施工中的质量问题，模板制作、安装和使用无法达到设计要求，甚至还会使混凝土结构出现严重缺陷。

1. 模板成品保护的注意事项

（1）普通模板的成品保护

1）保持模板本身的整洁及配套设备零件的齐全。模板及零配件应设专人保管和维修，并要按规格，种类分别进行存放或装箱。

2）工作面已安装完毕的墙和柱子模板，不准在预组装的模板就位前作为临时依靠，防止模板变形或垂直偏差。工作面已完成的平面模板，不得作为临时堆料和作业平台，以确保支架的稳定，防止平面模板标高和平整度产生偏差。

3）在进行模板吊装就位时，要平稳操作，准确到位，不得碰撞墙体及其他已施工完毕的部位，不得挂住钢筋和安全网等。

4）模板的连接件，配件应经常进行清理检查。对损坏，断裂的部件要及时挑出，螺纹部位要整修后涂油。拆下来的模板，如果发现翘曲，变形和开焊等现象，应及时进行修理，损坏的面板及时进行修补。正在施工的楼层上不得长时间存放模板，当模板需要在施工楼层上存放时，必须有可靠的防倾倒措施，禁止沿外墙周边存放在外挂架上。

5）在进行振捣混凝土时，不得用振捣棒触动模板板面，在绑扎焊接钢筋时，应注意对模板的保护，不得砸坏或烧伤模板。

6）拆下来的模板应及时清除表面上的灰浆。当清除困难时，可用模板除垢剂清除，不允许砸敲。清除好的模板必须及时涂刷脱模剂，开孔的部位应涂刷封边剂。当模板上的防锈漆脱落时，清理后应涂刷防锈漆。

7）在安装和拆除模板时，一律不得随意抛扔，以免损坏板面或造成模板变形。

8）在模板工程施工过程中，应建立模板管理，使用和维修制度，也可以建立必要的奖罚制度。

9）模板应存放在室内或敞棚内干燥通风处。露天堆放时要加以覆盖，不要淋雨和暴晒。模板的底层应设置垫木，使空气流通防止模板受潮。

10）在冬季低温下施工时，模板背面的保温措施应保持完好，不要碰撞和损伤。

11）冬季混凝土浇筑应防止出现受冻。混凝土拆除模板的强度必须符合施工规范中的要求，否则将会影响混凝土的质量。

（2）滑动模板的成品保护

1）液压滑动模板滑升后，对于脱出模板下口的混凝土表面应进行质量检查，并及时维修存在的缺陷。

2）在正常滑升的情况下，混凝土表面有25～30mm宽度的水平方向水印。如果没有这种正常表现，应特别注意施工质量是否符合要求。

3）如果模板滑升后在混凝土表面有拉裂，坍塌等质量缺陷时，应立即查找原因，采取措施，及时处理，进行修整。

4）如果模板的滑升过程中，出模的混凝土表面有流淌等质量缺陷时，应及时采取调整模板锥度，混凝土坍落度等措施。

5）在混凝土出模后，必须及时进行养护。养护的方法宜选用喷雾养护或喷涂养护膜养护。冬季低温下养护宜选用塑料薄膜保湿和阻燃棉毡保温。

（3）爬升模板的成品保护

1）爬升模板必须做到层层清理，层层涂刷隔离剂，每隔5～8天层进行一次大清理，即将模板后退5000mm左右彻底清理一次，并对模板及相关部件进行检查，校正，紧固和修理。

2）为防止模板拆除影响混凝土强度正常增长，在脱模后应及时进行养护，低温下施工应有专项保护混凝土的技术措施。

3）对于爬升模板应高度重视支承杆的垂直度和加固工作，确保支承杆的稳定和清洁，保证千斤顶的正常工作。

4）在爬升模板提升的过程中应注意清除爬升障碍，在确认对拉螺栓全部拆除，模板及爬升模板装置上无障碍时方可提升。

5）在模板拆除前必须了解混凝土的强度情况，在确保混凝土表面及棱角不受影响的前提下，才能按照规定的顺序进行拆模。

（4）大模板的保护

1）在吊装拆除大模板前，应先检查模板与混凝土结构之间所有对拉螺栓，连接件是否全部拆除，必须在确认模板和混凝土结构之间无任何连接后方可起吊，在移动模板时不得碰撞墙体。

2）当混凝土已达到拆除强度，但由于有关因素不能及时拆除时，为防止模板与混凝土黏结诶，可在未拆除模板之前先将对拉螺栓松开。

3）混凝土结构在拆除模板后，应及时采取必要的养护措施。冬季低温下的混凝土施工，处混凝土采用防冻措施外，大模板也应采取相应的保温措施。

4）在任何情况下，严禁操作人员站在模板上口采用晃动，撬动或用大锤砸模板的方法拆除模板，以保护拆除模板的完整性。

5）在拆除由支撑架的大模板时，应先拆除模板与混凝土结构之间的对拉螺栓及其他连接件，松动地脚螺栓，使模板向后倾斜与混凝土脱离开。拆除无固定支撑架的大模板时，应对模板采取临时固定措施。

6）在进行大模板拆除时，混凝土结构强度应当达到设计要求。当设计无具体要求时，应能保证混凝土表面及棱角不受损坏。

7）在拆除大模板时，其拆除顺序遵循“先支后拆，后支先拆”的原则，不得颠倒拆除的顺序。

8）大模板及其配件拆除完毕后，应及时清理干净，对于变形及损坏的部位及时进行维修，对于斜撑的丝杆，对拉螺栓螺纹应抹油进行保护。

2. 模板施工过程的质量问题

（1）柱子模板很容易出现截面尺寸不准，混凝土保护层过大，柱子本身出现扭曲。为此，在进行柱子模板安装前，必须按施工图准确弹出位置线，校正钢筋的位置，底部做成小方盘模板，以便保证柱子尺寸和位置准确。根据柱子截面尺寸和高度，设计好柱子箍筋尺寸及间距，柱子的四角要做好支撑及拉杆。

（2）混凝土浇筑中出现流坠。由于模板板条之间的缝隙过大，没有用纤维板、木板条等将其贴牢；外墙圈梁没有先安装模板后浇筑混凝土，而是先用砖代替模板在浇筑混凝土，从而导致水泥浆顺着砖缝流坠。对于模板缝隙和施工顺序，必须严格按施工规范进行。

（3）模板出现下沉现象。采用悬吊模板时，固定模板所用的铅丝没有拧紧；采用钢木支撑时，支撑下面的垫木块没有楔紧钉牢。对于出现这种质量缺陷，必须重新进行固定。

（4）混凝土圈梁模板出现外胀。混凝土圈梁模板在安装时，由于模板支撑未卡紧，支撑安装不牢固，模板上口的拉杆损坏或没钉牢固，很容易出现侧面模板向外鼓胀的缺陷，造成墙面不完整。因此，在安装混凝土圈梁模板时，必须设专人负责此项工作，并且在浇筑混凝土中随时检查和修理。

对于柱子出现的一些质量缺陷，按照下列要求处理：

1）柱子的轴线出现位移，即一排柱子不在同一直线上时，应在安装模板前要在地面上弹出柱子轴线及轴线边的通线，然后分别弹出每个柱子的另一方向轴线，在确定柱子的另两条边线。在安装模板时，先立两端的柱子模板，校正垂直与位置无误后，柱子模板顶部拉通线，在安装中间各柱子的模板。

针对柱子模板出现的胀模板和断面尺寸不准，应根据柱子的高度和断面尺寸，设计核算柱子箍筋的截面尺寸和间距，以及对大断面柱子使用的穿柱子螺栓和竖向钢楞，以保证柱子模板的强度，刚度足以抵抗混凝土的侧压力。在施工过程中，必须严格按照设计要求进行作业。

2）针对柱子本身出现扭曲，应在安装模板前先校正柱子钢筋，使钢筋没有扭曲。在安装斜撑（或拉锚），找垂直时，相邻的两片柱子模板从上端每侧面吊两个点，使线坠到地面，线坠所示两个点到柱子位置线的距离均相等，则证明柱子模板不扭曲。

3）当柱子的间距不大时，可通排安装高水平拉杆及剪刀撑；当柱子的间距较大时，每个柱子应分别四面支撑，保证每个柱子垂直和位置正确。

（5）墙体模板容易产生墙体混凝土厚薄不一致，截面尺寸不准确的情况，模板拼缝不严，缝隙过大造成跑浆。针对以上质量问题，模板应根据墙体高度和厚度，通过设计计算确定纵，横龙骨的尺寸及间距，墙体模板的支撑方法和角部模板的形式来解决。模板的上口应设置拉筋，防止上口尺寸偏大。

（6）梁和板模容易产生梁深不平直，梁的地面不平整，梁的侧面向外鼓出，梁的上口尺寸偏大，板的中部出现下挠。防止以上质量缺陷的方法是：梁和板的模板应通过设计计算确定龙骨，支撑的尺寸及间距，使模板支撑系统有足够的强度和刚度，防止浇筑混凝土时发生模板变形。

模板支柱的底部应支在坚实平整的地面上，垫上通常的脚手板，防止支柱发生下沉，梁和板的模板还应按设计要求起拱，防止产生过大的挠度。梁模板的上口应设拉杆锁紧，防止上口产生变形。

三、模板基础知识

（一）综　　述

模板的分类

模板是混凝土浇筑成形的模壳和支架，模板按施工工艺条件可分为现浇混凝土模板、预组装模板、大模板、滑升模板等。按材料可分为建筑模板、建筑木胶板、覆膜板、多层板、双面覆胶、双面覆膜建筑模板等。

（1）组合式钢模板

我国使用的组合式钢模板可分为两类。

1）小块钢模

小块钢模（又称为小块组合钢模）是以一定模数做成大小不同的单块钢模，最大尺寸是300mm×1500mm×50mm，在施工时按构件所需尺寸，采用U形卡将板缝卡紧形成一体；其中55型钢模板又称组合式定型小钢模，是目前使用较为广泛的一种通用性组合模板。

2）大模板

大模板，用于墙体的支模，模板的大小按设计的墙身大小而定型制作，包括钢模板、连接件和支承件。

A. 钢模板主要包括平面模板、阴角模板、阳角模板和连接角模。平面模板由面板和肋条组成，模板尺寸采用模数制，宽度以100mm为基础，按50mm进级，最宽为300mm；长度以450mm为基础，按150mm进级，最长为1500mm。在实际工程中根据需要，将不同规格的模板组合拼装成不同形状、尺寸的大块模板。

转角模板包括阴角、阳角和连接角模板，主用于结构的转角部位。如拼装时出现不足模数的空缺，则用镶嵌木条补缺，用钉子或螺栓将木条与钢模板边框上的孔洞连接。

为使连接方便，钢模板边框上有连接孔，孔距均为150mm，端部孔距边肋为75mm。

B. 定型组合钢模板的连接件包括U形卡、L形插销、钩头螺栓、紧固螺栓、对拉螺栓和扣件等。

C. 定型组合钢模板的支承件包括柱箍、钢楞、支架、斜撑、钢桁架等。

（2）木模板

木模板是钢筋混凝土结构施工中使用较早的一种模板。为了保证混凝土表面的平整光洁，宜采用红松、白松、杉木，因其质量轻，不易变形，可以增加模板的使用次数。如混凝土表面不露明或需抹灰时，则可采用其他树种的木材做模板。

另外，还可用多层胶合板做模板料进行施工。用胶合板制作模板，材质坚韧，不透水，自重轻，加工成形比较省力，浇筑出的混凝土外观比较清晰美观。

木模板用的木材（红松、白松、落叶松、马尾松及杉木等）材质不宜低于Ⅲ等材。木材上如有节疤、缺口等疵病，在拼模时应截去疵病部分，不贯通截面的疵病部分可放在模板的反面。使用九夹板时，出厂含水率应控制在8%～16%，单个试件的胶合强度不小于0.70MPa。

板材和方材要求四角方正、尺寸一致，圆材要求最小梢径必须满足模板设计要求。

木模板拼装时，板边应找平刨直，拼缝严密，当混凝土表面不粉刷时板面应刨光。

顶撑、横楞、牵杠、围箍等应用坚硬、挺直的木料，其配置尺寸除必须满足模板设计要求外，还应注意通用性。

（3）复合木模板

复合木模板是指用木制、竹制或塑料纤维等制成的板面，用钢、木等制成框架，并配置各种配件而组成的复合模板。

钢框胶合板模板是复合模板中常用的一种，它是以热轧异形型钢为边框，以胶合板（竹胶合板或木胶合板）为面板，并用沉头螺钉或铆钉连接面板与横竖肋的一种模板体系。

1）模板之间用螺栓连接，同时配以专用的模板夹具，以加强模板间连接的紧密性。

2）模板边框厚度为 95mm，面板采用 15mm 厚的胶合板，面板与边框相接处缝隙涂密封胶。

3）模板背面配有专用支撑架和操作平台。

4）采用双 10 号槽钢做水平背楞，以确保板面的平整度。

（4）钢木组合模板

钢木组合模板由钢框和面板组成。面板材料有胶合板、竹塑板、纤维板、蜂窝板等，面板表面需做防水处理，钢框由角钢或其他异型钢材构造。钢木组合模板及利建模板体系等。

（5）定型钢模板

定型钢模板是由钢板与型钢焊接而成，分小钢模板和大钢模板两种。

小钢模板的面层一般为 2mm 厚的钢板，肋用 50mm×5mm 扁钢点焊焊接，边框上钻有 20mm×10mm 的连接孔。小钢模板的规格较多，适用于基础、梁、板、柱、墙等构件模板的制作，并有定型标准和非标准之分。

大钢模板又称大模板，是一种大型的定型模板，用于浇筑混凝土墙体，模板尺寸与大模板墙相配套，一般与楼层高度和开间尺寸相适应，例如高度为 2.7、2.9m，长度为 2.7、3.0、3.6m 等。大钢模板由板面系统、支撑系统、操作平台和附件组成，面板一般采用厚 4～5mm 的整块钢板焊成或用厚 2～3mm 的定型组合钢模板拼装而成。

（6）滑升模板

滑升模板由操作平台、模板和提升系统组成。滑升模板简称滑模，它高约 1.2m。操作时，在模板内浇筑混凝土并不断向上绑扎钢筋，同时利用提升装置将模板不断向上提升，直至结构浇筑完成。

滑升模板可用钢模板、木模板或钢木混合模板，常用的是钢模板（故此滑模又称滑升钢模），钢模板可采用厚 2～3mm 的钢板和∟30～∟50mm的角钢制成。按所在部位和作用的不同，模板可分为内模板、外模板、堵头模板、角模以及变截面处的称模板等。

液压千斤顶是提升系统的组成部分，它是使滑升模板装置沿支承杆向上滑升的主要设备。液压千斤顶是一种专用的穿心式千斤顶，只能沿支承杆向上爬升，不能下降。按其卡头形式的不同，液压千斤顶可分为滚珠式液压千斤顶和楔块式液压千斤顶。

由固定单元形成的固定标准系列的模板多用于高层建筑的墙板体系。用于平面楼板的大模板又称为飞模。

滑升模板适用于各类烟囱、水塔、筒仓、沉井及储藏、大桥桥墩、挡土墙、港口扶壁及水坝等构筑物，多层、高层民用及工业建筑等的施工。

（7）塑料模板

塑料模板是随着钢筋混凝土预应力现浇密肋楼盖的出现而创制出来的，其形状如一个方形的大盆，支模时倒扣在支架上，底面朝上，又称塑壳定型模板。浇筑时，在壳模四侧形成十字交叉的楼盖肋梁。这种模板的优点是拆模快，容易周转；不足之处是仅能用在钢筋混凝土结构的楼盖施工中。

（二）模板的配置

1. 模板配置的方法

（1）结构表面展开法配制模板

对于形体复杂的结构构件，例如设备基础，由各种不同形体组合成的复杂体，模板的配制适用于展开法。

（2）按计算方法配制模板

形体复杂的结构构件，尤其是一些不易放大样且又有规律的几何形体，可以采用计算方法，或采用计算与放大样相结合的方法进行配制。

（3）放大样方法配置模板

形体复杂的结构构件，如楼梯、圆形水池等的结构模板，可采用放大样的方法配制。在平整的地坪上，按结构图用足尺画出结构构件的实样，量出各部分模板的准确尺寸或套制样板，同时确定模板及其安装节点的构造，进行模板的配制。

（4）按图样尺寸直接配置模板

简单的结构构件，可根据结构施工图样直接按尺寸列出模板规格和数量进行配制。模板厚度、横档及楞木的断面和间距，以及支撑系统的配置，都可按支承要求通过计算选用。

2. 模板的配制

（1）模板的配制要求

1）木模板及支撑系统不得使用严重扭曲、脆性和受潮后易变形的木材

2）木模厚度。侧模一般采用 20～30mm 厚，底模可采用 40～50mm 厚。

3）混水模板正面高低差不得超过 3mm；清水模板安装前应将模板正面刨平。

4）钉子长度应为木板厚的 1.5～2 倍，每块木板与木挡相叠处至少钉 2 颗钉子。

5）木板条应将拼缝处刨平刨直，模板的木挡也应刨直。

6）配制好的模板在反面编号，并写明规格，分别堆放保管，以免用错。

（2）模板代码见表 3-1。

模 板 代 码 **表 3-1**

内　容	项　目		代　码
结构部分	1. 基础	独立基础	J
		带形基础	D
		筏形基础	F

续表

内 容	项 目		代 码
结构部分	2. 地下室墙		D
	3. 剪力墙		Q
	4. 柱子		Z
	5. 水平结构	楼板	B
		密肋楼板	M
		主次梁	L
		梁柱节点	J
	6. 其他模板	楼梯	T
		门窗洞口	K
		电梯井	D
	7. 梁板支撑体系		Z
施工工艺	支模		Z
	大模		D
	滑模		H
	爬模		P
	支架		J
模板品种	小钢模		X
	钢模		G
	钢框胶合板		K
	木梁胶合板		L
	钢木模		M
	竹木胶合板		Z
	砖胎膜		T
	塑料模壳		S
	玻璃钢模壳		B
模板类型	钢大模	定型整体	D
		组拼式	P
		精加工通用组合	J

续表

内容	项目		代码
模板类型	柱模	可调截面（T形）	T
		可调截面（L形）	L
		固定截面	G
		圆形截面	Y

（3）木模板配制

首先熟悉图样，把复杂的混凝土结构分解成形体简单的构件。按构件特征和在整个结构和构件中的位置，考虑采用经济合理的支模方式来确定模板的配制方法。

为了节约材料和提高效率，可根据常用梁、板、柱的尺寸，设计和制作定型模板，用它们进行组合。木制定型模板规格尺寸见表 3-2。

木制定型模板规格尺寸参考（单位 mm）　　**表 3-2**

序号	长度	宽度	使用范围
1	1000	300	圆梁、过梁、构造柱
2	1000	500	梁、板、柱
3	1000	600	梁、板、柱
4	900	250	圆梁、过梁、构造柱
5	900	300	圆梁、过梁、构造柱
6	900	500	梁、板、柱
7	900	600	梁、板、柱

定型模板有侧板和底板两种。

1）侧板。侧板是模板的立放板，只承受混凝土的侧向压力，并防止混凝土浆向两侧渗漏，所以它比底板薄一些，一般用 30mm 厚的木板拼成。

侧板按表 3-2 尺寸拼制，两端要有木挡。侧板木挡为 50mm ×50mm 的方木，其中心距为 400～500mm。钉应从木板向木挡钉入，同一木挡上钉子不能少于两个，钉长是木板厚的 2～2.5 倍。

2）底板。模板的底板要承受模板自重、混凝土的质量和施工浇捣的冲击荷载，因此要结实耐用，一般采用 50mm 厚的木板。底板的净尺寸和混凝土构件底面净尺寸相同。底板的背面可以钉木挡，也可以钉在支撑系统的杆件上。

木模板应采用受干湿作用变形小，钉子容易钉入和韧性好的木材，常用红松、樟子松、杉木、水杉等树种锯制。

3）木顶撑及木楔配制。木顶撑由一根 100mm×100mm 的方木立柱和一根断面为 50mm×100mm 的方木横担应平直，横担与立柱垂直。横担的长度为模板底板宽度的 3 倍，以能够牢固地支撑侧板为宜。

木顶撑的总长＝梁底变高－模板底板厚度－楼层地面标高－80mm

式中，80mm 为垫板厚度之和。

斜撑应利用现场的短头料因地制宜配制，但必须具有足够的强度，以使木顶撑形状稳定。木楔是支撑时调整底板高度不可缺少的部件，支模前要配制好足够用的木楔。木屑用 50mm×100mm 的小短方料套裁。

4）其他支模部件如牵杠、夹木、搭头木等，按设计尺寸和用量备足，现场现配现用。

5）模板配制后，不同部位的模板要进行编号，注明构件名称或代号，分别堆放。备用的模板要遮盖保护。

6）配制常备式标准化定型木模板时，每块模板所用的板材、横挡和框材的断面厚度应一致，以便安装组合使用。

（4）组合钢模板配制

1）配制时，应以长度为 1500、1200、900、750mm，宽度为 300、200、150、100mm 等规格的平面模板为配套系列，这样基本上可配出以 50mm 为模数的模板。

2）尽可能选用 P3015 或 P3012 钢模板为主板，其他规格的钢模板作为拼接模板。

3）绘制钢模板配板图时，尺寸要留有余地。一般 4m 以内可不考虑，超过 4m 时，每 4～5m 要留 3～5mm，调整的办法大都采用木模补齐，或在安装端头时统一处理。

4）要合理使用转角模板，构造上无特殊要求的转角可以不用阳角模板，而用连接角模代替。阳角模板宜用在长度较大的转角处。柱头、梁口和其他短边转角部位如无合适的阴角模板，也可用方木代替。一般应避免钢模板的边肋直接与混凝土面相接触，以利拆模。

5）钢模板排列时，模板的横放或立放要慎重考虑。一般应将钢模板的长度方向沿着墙、板的长度方向，柱的高度方向和梁的长度方向排列，这种排列方法称为横排。横排有利于使用长度较大的钢模板，也有利于钢楞或桁架支承的合理布置。

6）钢模板横排时基本长度的配板方法见表 3-3。

7）钢模板横排时基本高度的配板方法见表 3-4。

8）钢模板按梁柱断面宽度的配板方法见表 3-5。

刚模板横排时基本长度的配板方法（单位：mm）　　**表 3-3**

序号	0	1	2	3	4	5	6	7	8	其余规格块数	备注
毛板块数	1	2	3	4	5	6	7	8	9		
1											
	1500	3000	4500	6000	7500	9000	10500	12000	13500		
2										600×2+450×1=1650	▲
	1650	3150	4650	6150	7650	9150	10650	12150	13650		
3	1800	3300	4800	6300	7800	9300	10800	12300	13800	900×2=1800	●
4										450×1=450	
	1950	3450	4950	6450	7950	9450	10950	12450	13950		
5										600×1=600	
	2100	3600	5100	6600	8100	9600	11100	12600	14100		

续表

序号 毛板块数	0 1	1 2	2 3	3 4	4 5	5 6	6 7	7 8	8 9	其余规格块数	备注
6	2250	3750	5250	6750	8250	9750	11250	12750	14250	900×2+450×1=2250	▲
7										900×1=900	●
	2400	3900	5400	6900	8400	9900	11400	12900	14400		
8										600×1+450×1=1050	▲
	2550	4050	5550	7050	8550	10050	11550	13050	14550		
9										600×2=1200	▲
	2700	4200	5700	7200	8700	10200	11700	13200	14700		
10										900×1+450×1=1350	▲
	2850	4350	5850	7350	8850	10350	11850	13350	14850		

注：1. 当长度为15m以上时，可依次类推。

2. ● 表示由此行向上移两档，▲表示由此行向上移一档可获得更好的配板效果。

钢模板横排时基本高度的配板方法（单位：mm） **表 3-4**

序号 毛板块数	0 1	1 2	2 3	3 4	4 5	5 6	6 7	7 8	8 9	9 10	其余规格块数
1											
	300	600	900	1200	1500	1800	2100	2400	2700	3000	
2	350	650	950	1250	1550	1850	2150	2450	2750	3050	200×1+150×1=350
3											100×1=100
	400	700	1000	1300	1600	1900	2200	2500	2800	3100	
4											150×1=150
	450	750	1050	1350	1650	1950	2250	2550	2850	3150	
5											200×1=200
	500	800	1100	1400	1700	2000	2300	2600	2900	3200	
6											150×1+100×1=250
	550	850	1150	1450	1750	2050	2350	2650	2950	3250	

注：高度在3.3m以上时按照此类推。

钢模板按梁柱断面宽度的配板方法（单位：mm）　　表 3-5

序号	断面边长	排列方案	参考方案		
			Ⅰ	Ⅱ	Ⅲ
1	150	150			
2	200	200			
3	250	150+100			
4	300	300	200+100	150×2	
5	350	200+150	150+100×2		
6	400	300+100	200×2	150×2+100	
7	450	300+150	200+150+100	150×3	
8	500	300+200	300+100×2	200×2+100	200+150×2
9	550	300+150+100	200×2+150	150×3+100	
10	600	300×2	300+200+100	200×3	
11	650	300+200+150	200+150×3	200×2+150+100	300+150+100×2
12	700	300×2+100	300+200×2	200×3+100	
13	750	300×2+150	300+200+150+100	200×3+150	
14	800	300×2+200	300+200×2+100	300+200+150×2	200×4
15	850	300×2+150+100	300+200×2+150	200×3+150+100	
16	900	300×3	300×2+200+100	300+200×3	200×4+100
17	950	300×2+200+150	300+200×2+150+100	300+200+150×3	200×4+150
18	1000	300×3+100	300×2+200×2	300+200×3+100	200×5
19	1050	300×3+150	300×2+200+150+100	300×2+150×3	

9）钢模板的支承跨度。钢模板端头缝齐平布置时，一般每块钢模应有两个支承点。当荷载在 50kN/m^2 以内时，支承跨度

不大于 750mm。

10）钢楞的布置。外钢楞承受内钢楞传递的荷载，加强钢模板结构的整体刚度并调整平直度。

内钢楞的配置方向应与钢模板的长度方向相垂直，直接承受钢模板传递来的荷载，其间距按荷载确定。为安装方便，当荷载在 $50kN/m^2$ 以内时，钢楞间距常采用固定尺寸 750mm。钢楞端头应伸出钢模板边肋 10mm 以上，以防止边肋脱空。

11）支柱和对拉螺栓的布置。钢模板的钢楞由支柱或对拉螺栓支承，当采用内外双重钢楞时，支柱或对拉螺栓应支承在外钢楞上。为了避免和减少在钢模上钻孔，可采用连接板式钢拉杆来代替对拉螺栓。同时，为了减少落地支柱数量，应尽量采用桁架支模。

（5）胶合板模板的配制

1）木胶合板常用厚度一般为 12mm 或 18mm，竹胶合板常用厚度一般为 12mm，内外楞的间距可根据胶合板的厚度通过设计计算进行调整。

2）配制好的模板应在反面编号并写明规格，分别堆放保管，以免错用。

3）支撑系统可以选用钢管脚手架，也可采用木材。采用木支撑时，不得选用脆性、严重扭曲和受潮容易变形的木材。

4）应整张直接使用，尽量减少随意锯截，造成胶合板浪费。

5）钉子长度应为胶合板厚度的 1.5～2.5 倍，每块胶合板与木楞相叠处至少钉 2 个钉子。第二块板的钉子要转向第一块板方向斜钉，使拼缝严密。

（三）模板施工

1. 模板及支撑系统的基本要求：

（1）保证结构构件各部分的形状、尺寸和相互间位置的正确性。

（2）拆装方便，能多次周转使用。

（3）支撑必须安装在坚实的地基上，并有足够的支承面积，以保证所浇筑的结构不致发生下沉。

（4）模板拼缝严密，不漏浆。

（5）具有足够的强度、刚度和稳定性。

（6）所用木料受潮后不易变形。

（7）节约材料。

2. 基础模板的安装程序

找平→放线→涂刷脱模剂→从分段中部开始安装模板→安装背楞、斜撑→搭设支撑架→检验校正

3. 地下室外墙模板安装程序

找平→放线→涂刷脱模剂→安装外墙侧模板→安装防水穿墙螺栓→安装内侧模板→穿墙螺栓固定→安装调节斜撑→校正固定模板

4. 墙模板安装程序

找平→放线→模板预拼装→涂刷脱模剂→绑扎钢筋→预埋线管线盒→设置定位筋→模板吊装定位→穿墙螺栓紧固→阴阳角模安装→调整模板垂直度→检验校正→固定模板

5. 墙支模模板拆除程序

拆除穿墙螺栓→拆除或调节斜撑→吊运模板→拆除阴阳角模→模板清理→涂刷脱模剂→堆放备用

6. 托模板安装程序

找平→放线→模板预拼装→涂刷脱模剂→柱筋绑扎→柱筋隐检→预埋线管、线盒→设置定位筋→柱模吊装定位→紧固对拉螺栓→调整模板垂直度→搭设稳定支架或斜撑→检验校正→固定模板

7. 托模板拆除程序

拆除对拉螺栓→拆除支撑→脱模吊运→模板清理→涂刷脱模剂→堆放备用

8. 梁、楼板模板安装程序

测定梁、板底标高→搭设支撑架→安放纵横楞→安装梁底模→梁钢筋绑扎→安装梁侧模→安装梁柱节点模板→安装楼板底模→涂刷脱模剂→绑扎楼板钢筋→安放预埋管件→检验校正

（四）模 板 拆 除

1. 支模模板的拆除

（1）水平模板拆除时，先将低可调支撑头高度，再拆除主木楞模板，最后拆除手架，严禁颠倒工序、损坏面板材料。

（2）模板拆除时应遵循“先安后拆、后安先拆”的总原则。

（3）大钢模板的堆放必须面对面、背对背，并按设计计算的自稳角要求调整堆放期间模板的倾斜角度。

（4）水平模板拆除时应按模板设计要求留设必要的养护支撑，不得随意拆除。

（5）拆除后的模板及支撑支承材料应按照一定位置和顺序堆放，尽量保证上下对应使用。

（6）拆除后的各类模板应及时清除混凝土残留物，涂刷脱模剂。

（7）严格按规范规定的要求拆模，严禁为抢工期、节约材料而提前拆模。

（8）侧模版在混凝土强度等保证其表面及棱角不因拆除模板而受损时，方可拆除。

2. 滑模装置的拆除

（1）拆除固定平台及外平台、上操作平台的平台铺板，拆除的材料堆放在平台上吊运拆除前由技术负责人及有关工长对参加拆除的人员进行技术、安全交底，按顺序拆除。

（2）拆除内外纠偏用的钢丝绳、接长支腿及纠偏装置、测量系统装置。

（3）拆除电气系统配电箱、电线及照明灯具。

(4) 拆除高压油管、针型阀、液压控制台。

(5) 墙模板和提升架采用分段整体拆除方法，以轴线之间的一道墙为一段，将钢丝绳先在提升架上拴好，用气焊割断支承杆，拆除模板段与段之间的连续螺栓，整体吊运运到地面，高空不作拆除。

(6) 进行拆除后的清理。

(7) 拆除连接模板的阴阳角模

(8) 拆除墙模板及墙提升架。

(9) 拆除活动平台及边框。

3. 滑模装置的脱模程序

(1) 取出穿墙螺栓，松开调节缝板螺栓。

(2) 模板下缘爬升到达上层楼面标高时，支楼板底模板，绑扎楼板钢筋，浇筑楼板混凝土。

(3) 大模板分段整体进行脱模，用等支腿伸缩式杠顶住混凝土后退，墙模一般脱开混凝土 50～80mm。

(4) 边爬升边绑扎上层钢筋，安装墙内的预埋件、预埋管线等。

(5) 将角模紧固于大模板上，以便一起提升。

(6) 紧固墙模，浇筑墙体混凝土、拆模，循环进行。

（五）模板的运输与存放

1. 模板的运输

(1) 预组装模板运输时，应分隔垫实，支捆牢固，防止松动变形。

(2) 装卸模板和配件应轻装轻卸，严禁抛掷，并应防止碰撞损坏。严禁将钢模板用于其他非模板用途。

(3) 不同规格的钢模板不得混装混运。运输时，必须采取有效措施，防止模板滑动、倾倒。长途运输时，应采用简易集装箱，支承件应捆扎牢固，连接件应分类装箱。

2. 模板的堆放

（1）木质材料可按品种和规格堆放，钢质模板应按规格堆放，钢管应按不同长堆放整齐。小型零配件应装袋或集中装箱转运。

（2）堆放场地要求整平垫高，应注意通风排水，保持干燥；室内堆放应注意取用方便、堆放安全；露天堆放应加遮盖；钢制材料应防水防锈，木质材料应防腐、防火、防雨、防曝晒。

（3）所有模板和支撑系统应按不同材质、品种、规格、型号、大小、形状分类堆放，应注意在堆放中留出空地或交通道路，以便取用。在多层和高层施工中，还应考虑模板和支撑的竖向转运顺序合理化。

（4）模板的堆放一般以一般以平卧为主，桁架或大模板等部件可采用立放形式，但必须采取抗倾覆措施，每堆材料不宜过多，以免影响部件本身的质量和转运的方便性。

3. 模板的维修和保管

（1）对暂不使用的钢模板，板面应涂刷脱模剂或防锈漆。背面油漆脱落处应补刷防锈漆，焊缝开裂时应补焊，并按规格分类堆放。

（2）钢模板和配件拆除后，应及时清除粘结的灰浆，对变形和损坏的模板和配件，宜采用机械整形和清除措施。钢模板及配件修复后的质量标准见表 3-6。

钢模板及配件修复后的质量标准　　表 3-6

	项　目	允许偏差/mm
钢模板	板面平整度	≤2.0
	凸棱直线度	≤1.0
	边肋不直度	不得超过凸棱高度
配件	U形卡卡口残余变形	≤1.2
	钢楞和支柱不直度	≤L/1000

（3）入库的配件，小件要装箱入袋，大件要按规格分类整数

成垛堆放。维修质量不合格的模板及配件不得使用。

(4) 钢模板宜存放在室内或棚内，板底支垫距离地面 100mm 以上。

(5) 露天堆放，地面应平整坚实，如有排水措施，模板板底支垫距离地面 200mm 以上，板底支垫前后两个端点距模板两端长度不大于模板长度的 1/6。

四、组 合 钢 模 板

组合式模板是混凝土结构施工中常用的模板之一，通用性强、拆装方便、周转次数多等特点，它在混凝土结构施工中，可以先按设计要求组装成梁、板、柱、墙的大型模板，吊装就位，也可以各个构件单独施工。

（一）组合钢模板的组成

1. 钢模板

钢模板的规格见表 4-1。

钢模板规格（单位 mm）　　**表 4-1**

<table>
<tr><th colspan="2">名　称</th><th>宽　度</th><th>长　度</th><th>肋高</th></tr>
<tr><td colspan="2">平面模板</td><td>600、550、500、450、400、350、300、250、200、150、100</td><td rowspan="4">1800、1500、1200、900、750、600、450</td><td rowspan="11">55</td></tr>
<tr><td colspan="2">阴角模板</td><td>150×150、100×150</td></tr>
<tr><td colspan="2">阳角模板</td><td>100×100、50×50</td></tr>
<tr><td colspan="2">连接角膜</td><td>50×50</td></tr>
<tr><td rowspan="2">倒棱模板</td><td>角棱模板</td><td>17、45</td><td rowspan="5">1500、1200、900、750、600、450</td></tr>
<tr><td>圆棱模板</td><td>R20、R35</td></tr>
<tr><td colspan="2">梁腋模板</td><td>50×150、50×150</td></tr>
<tr><td colspan="2">柔性模板</td><td>100</td></tr>
<tr><td colspan="2">搭接模板</td><td>75</td></tr>
<tr><td colspan="2">双曲可调模板</td><td>300、200</td><td rowspan="2">1500、900、600</td></tr>
<tr><td colspan="2">变角可调模板</td><td>200、160</td></tr>
</table>

续表

名称		宽度	长度	肋高
嵌补模板	平面嵌板	200、150、100	300、200、150	55
	阴角模板	150×150、100×150		
	阳角模板	100×100、50×50		
	连接角膜	50×50		

（1）平面模板。用于基础墙体、梁、柱和板等各种结构的平面部位，如图4-1所示。

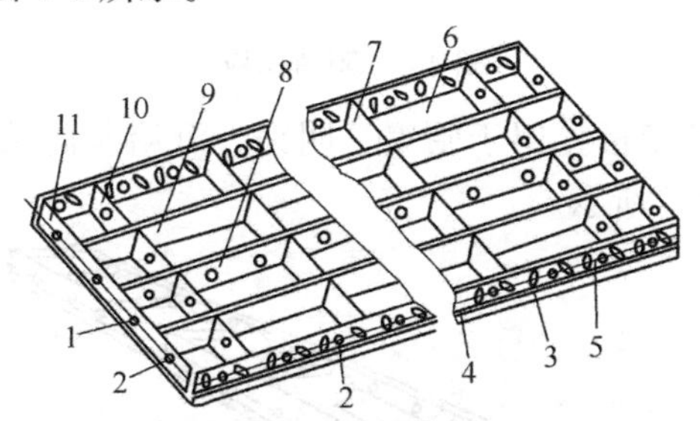

图4-1　平面模板

1—插销孔；2—U形卡孔；3—凸鼓；4—凸棱；5—边肋；6—主板；7—无孔横肋；8—有孔纵肋；9—无孔纵肋；10—有孔横肋；11—端肋

（2）连接角模。用于柱、梁及墙体等外角及凸角的转角部位，如图4-2所示。

（3）柔性模板。用于圆形筒壁、曲面墙体等结构部位。

（4）变角可调模板。用于展开面为扇形或梯形的构筑物结构部位，如图4-3所示。

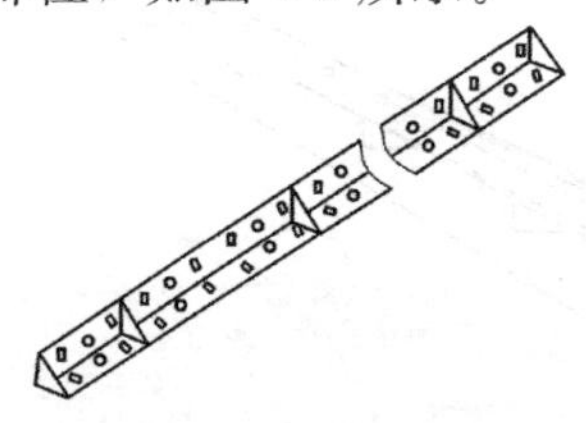

图4-2　连接角模

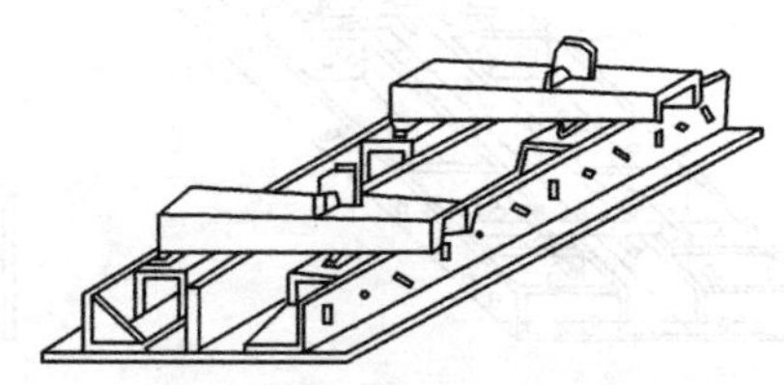

图4-3　变角可调模板

（5）阴角模板。用于墙体和各种构件的内角及凹角的转角部位，如图 4-4 所示。

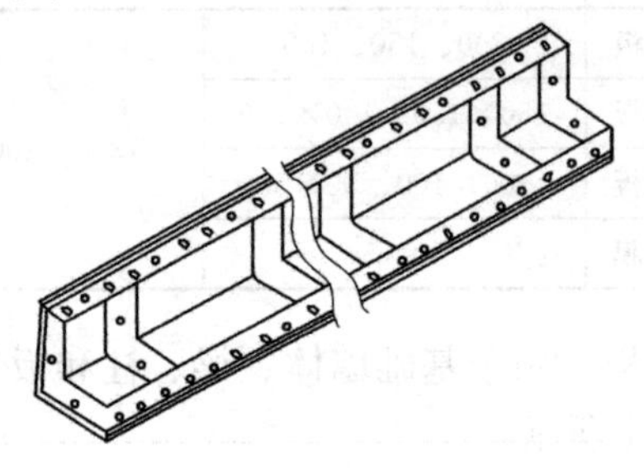

图 4-4　阴角模板

（6）梁腋模板。用于暗渠、明渠、沉箱及高架结构等梁腋部位，如图 4-5 所示。

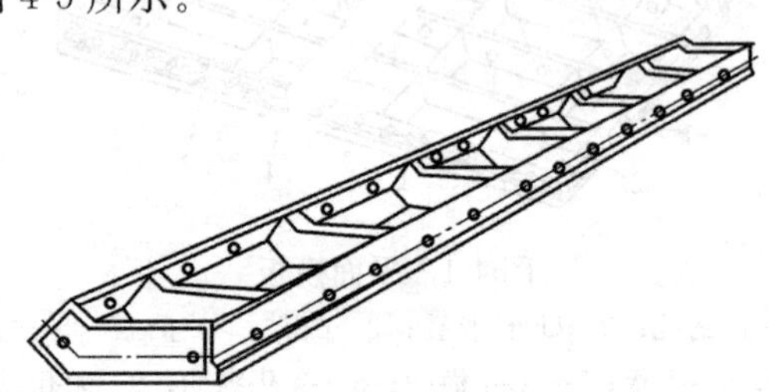

图 4-5　梁腋模板

（7）双曲可调模板。用于构筑物曲面部位，如图 4-6 所示。

（8）搭接模板。用于调节拼装模板尺寸，调节范围在 50mm 以内，如图 4-7 所示。

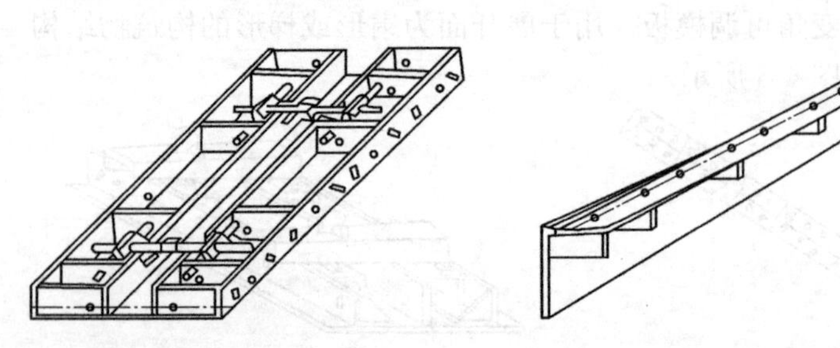

图 4-6　双曲可调模板　　　　图 4-7　搭接模板

(9) 阳角模板。用于柱、梁及墙体等外角及凸角的转角部位，如图 4-8 所示。

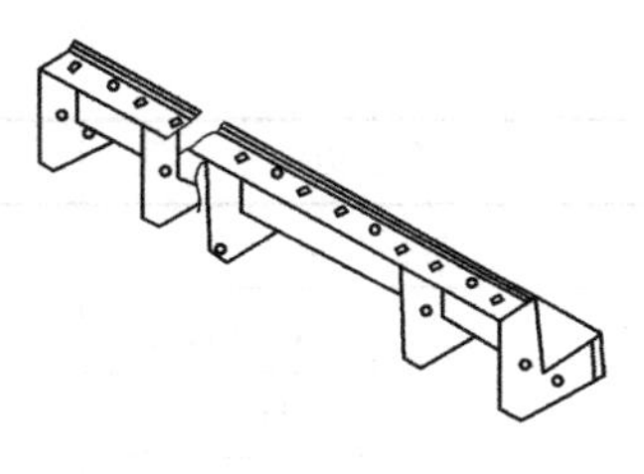
图 4-8 阳角模板

(10) 倒棱模板。用于柱、梁及墙体等阳角的倒棱部位。倒棱模板分为角棱模板和圆棱模板，如图 4-9 所示。

(11) 嵌补模板。用于梁、板、墙、柱等结构的接头部位。

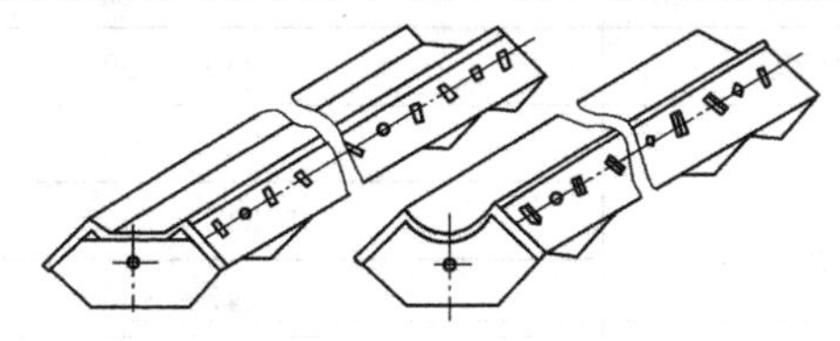
图 4-9 倒棱模板

2. 支承件

支承件应设计成工具式，规格见表 4-2。

支承件规格（单位：mm） **表 4-2**

名称		规格
钢楞	圆钢管型	ϕ48×3.5
	矩形钢管型	□80×40×2.0，□100×50×3.0
	轻型槽钢型	[80×40×3.0，[100×50×3.0
	内卷边槽钢型	[80×40×15×3.0，[100×50×20×3.0
	轧制槽钢型	[80×43×5.0
柱箍	角钢型	∟70×50×5
	槽钢型	[80×43×5.0，[100×48×5.3
	圆钢管型	ϕ48×3.5
钢支柱	C-18 型	$l=1812\sim3112$
	C-22 型	$l=2212\sim3512$
	C-27 型	$L=2712\sim4012$

续表

名称		规格
早拆柱头		$l=600$、500
四管支柱	GH-125 型	$l=1250$
	GH-150 型	$l=1500$
	GH-175 型	$l=1750$
	GH-200 型	$l=2000$
	GH-300 型	$l=3000$
平面可调桁架		330×1990
曲面可变桁架		247×2000
		247×3000
		247×4000
		247×5000
钢管支架		$\phi48\times3.5$，$l=2000\sim6000$
门式支架		宽度 b=1200，900
碗扣式支架		立柱 l=3000、2400、1800、1200、900、600
方塔式支架		宽度 b=1200、1000、900，高度 h=1300、1000
梁卡具	YJ 型	断面小于 600×500
	圆钢管型	断面小于 700×500

（1）钢楞。钢楞材料有圆钢管，矩形钢管和内卷边槽钢等。用于支撑钢模板和加强其整体刚度。

（2）柱箍。其形式应根据柱模尺寸，侧压力大小等因素来选择，用于支撑和夹紧模板。

（3）早拆柱头。用于梁和模板的支撑柱头以及模板早拆。

（4）斜撑用于承受单侧模板的侧向荷载和调整竖向支模的垂直度。

（5）门式支架。用于梁，楼板及平台等楼板支架，内外脚手架和移动脚手架等。

（6）支柱。有单管支柱，四管支柱等多种形式，用于承受水平模板传递的荷载的竖向模板。

（7）方塔式支架。用于梁，楼板及平台等模板支架等。

（8）桁架。有平面可调桁架和曲面可变桁架两种。平面可调桁架用于支撑楼板，梁平面构件的模板，曲面可变桁架用于支撑曲面构件的模板。

（9）碗扣式支架。用于梁，楼板及平台等模板支架，外脚手架和移动脚手架等。

（10）钢管支架。用于梁，楼板及平台等模板支架，外脚手架等。

3. 连接件

连接件应符合配套使用、装拆方便、操作安全的要求，规格见表 4-3。

连接件规格（单位：mm）　　**表 4-3**

名　称		规　格
U 形卡		ϕ12
L 形插销		ϕ12、L=345
钩头螺栓		ϕ12、L=205、180
紧固螺栓		ϕ12、L=180
对拉螺栓		M12、M14、K416、T12、T14、T16、T18、T20
扣件	3 形扣件	26 型、12 型
	蝶形扣件	26 型、18 型

（1）扣件。用于钢楞与钢模板或钢楞之间的紧固连接，与其他配件一起将钢模板拼装连接成整体，扣件应与相应的钢楞配套使用，扣件的刚度应于配套螺栓的强度相适应。按钢楞的不同形状，分别采用蝶形扣件和 3 形扣件。其扣件的容许荷载见表 4-4。

扣件的容许荷载（单位：kN）　　**表 4-4**

项　目	型　号	容许荷载
蝶形扣件	26 型	26
	18 型	18

续表

项 目	型 号	容许荷载
3形扣件	26型	26
	12型	12

（2）螺栓。有钩头螺栓、紧固螺栓和对拉螺栓三种。钩头螺栓用于钢模板与内外钢楞之间的连接固定。紧固螺栓用于紧固内、外钢楞，以增强拼接模板的整体固定。对拉螺栓用于拉接两竖向侧模板，保持两侧模板的间距，承受混凝土侧压力和其他荷载，确保模板有足够的刚度和强度。对拉螺栓承载力见表4-5。

对拉螺栓承载力 **表4-5**

螺栓直径/mm	螺纹内径/mm	净面积/mm^2	容许拉力/kN
M12	10.11	76	12.90
M14	11.84	105	17.80
M16	13.84	144	24.50
T12	9.50	71	12.05
T14	11.50	104	17.65
T16	13.50	143	24.27
T18	15.50	189	32.08
T20	17.50	241	40.91

（3）U形卡。是将相邻钢模板夹紧固定的主要连接件，用于钢模板纵横向自由拼接。

（4）L形插销。用于增强钢模板纵向拼接刚度，以保证接缝处板面平整。

（二）组合钢模板的技术要求

1. 材料要求

（1）组合钢模板的各类材料，其材质应符合国家现行有关标准的规定。

（2）组合钢模板制作前应依据国家现行有关标准对照复查其出厂材质证明，对有疑问或无出厂材质证明的钢材，应按国家现行检验标准进行复检，并填写检验记录。

2. 制作要求

（1）钢模板槽板制作应采用专用设备冷轧冲压整体成型的生产工艺，沿槽板纵向两侧的凸棱倾角应严格按标准图尺寸控制。

（2）钢模板及配件的焊接，宜采用二氧化碳气体保护焊，当采用手工电弧焊时，应按照现行国家标准《气焊、焊条电弧焊、气体保护焊和高能束焊的推荐坡口》GB/T 985.1—2008 的规定，焊缝外形应光滑、均匀、不得有漏焊、焊穿、裂纹等缺憾；并不宜产生咬肉、夹渣、气孔等缺陷。

（3）钢模板的组成焊接，应采用组装胎具定位及按先后顺序焊接。

（4）对模板的变形处理，宜采用模板整形机校正，当采用手工校正时，不得损伤模板棱角，且板面不得留有锤痕。

（5）选用焊条的材质、性能及直径的大小，应与被焊物的材质、性能及后度相适应。

（6）连接件宜采用镀锌表面处理，镀锌层厚度不应小于 0.05mm、镀层厚度和色彩应均匀，表面光亮细致，不得有漏镀缺陷。

（7）钢模板及配件应按现行国家标准《组合钢模板技术规范》GB 50214—2001 设计制作。

（8）钢模板槽板边肋上的 U 性卡孔和凸鼓，应采用机械一次或分段冲孔和压鼓成形的生产工艺。

（9）U 形卡应采用冷做工艺成形，其卡口弹性夹紧力不应小于 1500N。

（10）U 形卡、L 形插销等配件的圆弧弯曲半径应符合设计图的要求，且不得出现非圆弧形的折角皱纹。

（11）各种螺栓连接件的加工应符合国家现行标准。

3. 检验要求

（1）刚模板在成批投产前和投产后都应进行荷载试验检验模板的强度、刚度和焊接质量等综合性能，当模板的材质或生产工艺等有较大变动时，都应抽样进行荷载试验。荷载试验标准应符合表 4-6 的要求。

钢模板荷载试验标准 **表 4-6**

<table>
<tr><th>试验项目</th><th>模板长度/mm</th><th>支点间距 L/mm</th><th>均布荷载 q/(kN/m²)</th><th>集中荷载 p/(N/mm)</th><th>允许挠度值/mm</th><th>强度试验要求</th></tr>
<tr><td rowspan="6">刚度试验</td><td>1800</td><td rowspan="3">900</td><td rowspan="3">30</td><td rowspan="3">10</td><td rowspan="3">≤1.5</td><td rowspan="3">—</td></tr>
<tr><td>1500</td></tr>
<tr><td>1200</td></tr>
<tr><td>900</td><td rowspan="3">450</td><td rowspan="3">—</td><td rowspan="3">10</td><td rowspan="3">≤0.2</td><td rowspan="3">—</td></tr>
<tr><td>750</td></tr>
<tr><td>600</td></tr>
<tr><td rowspan="6">强度试验</td><td>1800</td><td rowspan="3">900</td><td rowspan="3">45</td><td rowspan="3">15</td><td rowspan="3">—</td><td rowspan="3">不破坏，残余挠度≤0.2mm</td></tr>
<tr><td>1500</td></tr>
<tr><td>1200</td></tr>
<tr><td>900</td><td rowspan="3">450</td><td rowspan="3">—</td><td rowspan="3">30</td><td rowspan="3">—</td><td rowspan="3">不破坏</td></tr>
<tr><td>750</td></tr>
<tr><td>600</td></tr>
</table>

注：试验用的模板宽度为 200、300、400、600mm。

（2）生产厂家应加强产品质量管理，健全质量管理制度设立质量检查机构，认证做好班组自检、车间抽检和厂级质检部门终检原始记录、根据抽样检验的数据评定出合格品和优质品。

（3）生产厂家进行产品质量检验设备和量具，必须符合国家三级及以上计量标准要求。

（4）配件的强度、刚杜及焊接质量等综合性能，在成批投产前和投产后都应按设计要求进行荷载试验。当配件的材质或生产工艺有变动时，也应进行荷载试验。

（5）钢模板成品的质量检验包括单位检验和组装检验，其质量标准应符合表 4-7、表 4-8 的规定。

钢模板制作质量标准 **表 4-7**

项目		要求尺寸/mm	允许偏差/mm
外形尺寸	长度	*L*	0 －1.00
	宽度	B	0 －0.80
	肋高	55	±0.50
U 形卡孔	沿板长度的孔中心距	*n*×150	±0.60
	沿板宽度的孔中心距	—	±0.60
	孔中心与板面间距	22	±0.30
	沿板长度孔中心与板端间距	75	±0.30
	沿板宽度孔中心与边肋凸棱面的间距	—	±0.30
	孔直径	*ϕ*13.8	±0.25
凸棱尺寸	高度	0.3	＋0.30 －0.05
	宽度	4.0	＋2.00 －1.00
	边肋圆角	90°	*ϕ*0.5 钢针通不过
面板端与两凸棱面的垂直度		90°	*d*≤0.50
板面平面度		—	F1≤1.00
凸棱 直线度		—	F2≤0.50
横肋	横肋、中纵肋与边肋高度差	—	Δ≤1.20
	两端横肋组装位移	0.3	Δ≤0.60

续表

项目		要求尺寸/mm	允许偏差/mm
焊缝	肋间焊缝长度	30.0	±5.00
	肋间焊接脚高	2.5（2.0）	+1.00
	肋与板面焊缝长度	10.0（15.0）	−5.00
	肋与板面焊脚高度	2.5（2.0）	+1.00
	凸鼓的高度	1.0	+0.30 −0.20
	防锈漆外观	油漆涂刷均匀不得露涂、皱皮、脱皮、流淌	
	角模的垂直度	90°	Δ≤1.00

注：采用二氧化碳气体保护焊的焊脚高度与焊缝长度为括号内数据。

钢模板产品组装质量标准（单位：mm）　　表 4-8

项　目	允许偏差
两块模板之间的拼接缝隙	≤1.0
相邻模板面的高低差	≤2.0
组装模板板面平面度	≤2.0
组装模板板面的长宽尺寸	±2.0
组装模板两对角线长度差值	≤3.0

注：组装模板面积为 2100mm×2000mm。

（6）钢模板及配件的表面必须先除油、除锈、再按表 4-9 的要求进行防锈处理。

钢模板及配件防锈处理　　表 4-9

名　称	防锈处理
钢模板	板面涂防锈油，其他面涂防锈漆
U 形卡	镀锌
L 形插销	
钩头螺栓	
紧固螺栓	
扣件	
早拆柱头	

续表

名　称	防锈处理
柱箍	定位器、插销镀锌，其他涂防锈漆
钢楞	涂防锈漆
支柱、斜撑	插销镀锌，其他涂防锈底漆、面漆
桁架	涂防锈底漆、面漆
支架	涂防锈底漆、面漆

注：1. 电泳涂漆和喷塑钢模板面可不涂防锈油。
　　2. U形卡表面可做氧化处理。

(7) 对产品质量有争议时，应按上列有关项目的质量标准及检验方法进行复检。

(三) 模板工程的施工及验收

1. 施工准备

(1) 组合钢模板安装前应向施工班组进行技术交底。有关施工及操作人员应熟悉施工图及模板工程的施工设计。

(2) 模板安装时，应做好下列准备工作：

1) 梁和楼面模板的支柱支设在土壤地面时，应将地面事先整分夯实，根据土质情况考虑排水或防水措施，并准备柱底垫板。

2) 竖向模板的安装底面应平整坚实，清理干净，并采取可靠的定位措施。

(3) 现场使用的模板及配件应按规格和数量逐项清点和检查，未经修复的部件不得使用。

(4) 施工现场应有可靠的、能满足模板安装和检查需要的测量控制点。

(5) 经检查合格的组装模板，应按照安装顺序进行堆放和装车。平行叠放时应稳当妥帖，避免碰撞，每层之间应加垫木，模板与垫木均应上下对齐，底层模板应垫离地面比小于 10cm。立放时必需采取措施，防止倾倒并保证稳定。平装运输时应整堆捆紧，防止摇晃摩擦。

（6）采用预组装模板施工时，模板的预组装应在组装平台或经平整处理过的场地上进行。组装完毕后应予以编号，并应按组装质量标准逐块检验后进行试吊，试吊完毕后应进行复查，并再次检查配件的数量、位置和紧固情况。

（7）钢模板安装前应涂刷脱模剂，严禁在模板上涂刷废机油。

2. 模板的安装

（1）一般规定

1）按配板图与施工说明书循序拼装，保证模板系统的整体稳定。

2）墙和柱模板的底面应找平，下端应与事先做好的定位基准靠近垫平，在墙、柱上继续安装模板时，模板应由可靠的支承点，其平直度应进行校正。

3）预埋件与预留孔洞必须位置准确，安设牢固。

4）基础模板必须支拉牢固，防止变形，侧模斜撑的底部应加设垫木。

5）配件必须装插牢固。支柱和斜撑下的支承面应平整垫实，并有足够的受压面积。支撑件应着力于钢楞。

6）预组装墙模板吊装就位后，下端应垫平，紧靠定位基准线：两侧模板均应利用斜撑调整和固定其垂直度。

7）墙柱与梁板同时施工时，应先支设墙柱模板，调整固定后，再在其上架设梁板模板。

8）墙柱混凝土已经浇灌完毕时，可以利用已灌注的混凝土结构来支承梁板模板。

9）楼面模板支模时，应事先完成一个格钩的水平支撑及斜撑安装，再逐渐向外扩展，以保持支撑系统的稳定性

10）支柱在高度方向所设的水平撑与剪力撑，应按构造与整体稳定性布置。多层及高层建筑中，上下层对应的模板支柱应设

置在同一竖向中心线上。

(2) 安装前准备工作

1) 进行中心线和位置的放线。首先引测建筑的边柱或墙轴线，并以该轴线为起点引出每条轴线。

模板放线时，根据施工图用墨线弹出模板的内变线和中心线，墙模板要弹出模板的变现和外侧控制线，便于模板安装和校正。

2) 做好标高测量工作。用水准仪将建筑物水平标高根据实际标高的要求直接引测到末班安装位置

3) 进行找平工作。模板承垫底部应预先找平，以保证模板位置正确，防止模板底部漏浆。常用的找平方法是沿模板边线用1∶3水泥砂浆抹找平层，另外，在外墙、外柱底部，继续安装模板前，要设置承垫条带，并校正其平直度。

4) 设置模板定位基准。按照构件的断面尺寸先用同强度等级的细石混凝土浇筑50～100mm的短柱或导墙，作为模板定位基准。

另一种做法采用钢筋定位，即根据构件断面尺寸切割一定长度的钢筋或角钢头，点焊在主筋上(以勿烧主筋断面为准)，并按两排主筋的中心位置分档，以保证钢筋与模板位置的准确。

5) 采取预留装模板施工时，预组装工作应在组装平台或经平整处理的地上进行，并按表4-10的质量标准逐块检验后进行试吊，试吊后进行复查，并检查配件数量、位置和紧固情况。

钢模板施工组装质量标注(单位：mm) **表4-10**

项 目	允许偏差
两块模板之间拼接缝隙	≤2.0
相邻模板面的高低差	≤2.0
组装模板板面平面度	≤2.0(用2m长平尺检查)
组装模板板面的长宽尺寸	≤长度和宽度的1/1000，最大±4.0
组装模板两对角线长度差值	≤对角线长度的1/1000，最大≤7.0

(3) 梁模板安装要求

1) 梁模板支柱的设置应经模板设计计算决定，一般情况下，采用双支柱时，间距以 60～100cm 为宜。

2) 采用扣件钢管脚手架支架时，横杆的步距要按设计要求设置。采用桁架支模时，要按事先设计的要求设置，桁架的上下弦要设水平连接。

3) 模板支柱纵横方向的水平拉杆及剪力撑等，均应按设计要求布置；当设计无规定时，支柱间距一般不宜大于 2m，纵横方向的水平柱拉杆上下间距不宜大于 1.5m，纵横方向的垂直剪力撑间距不宜大于 6m。

4) 梁口与柱头的节点连接，一般可按图 4-10 和图 4-11 所示处理。

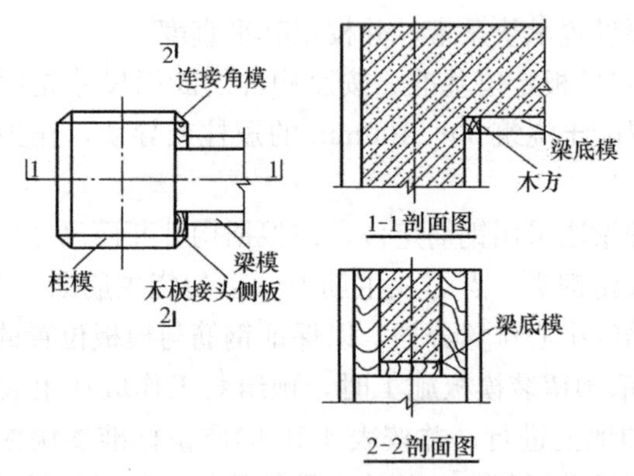

图 4-10 柱顶梁口采用嵌补模板

5) 空调等各种设备管道安装，需要在模板上预留孔洞时，应尽量使梁管道孔、分散。穿梁管道孔的位置应设置在梁中，以防减小梁的截面，影响梁的承载能力。

(4) 楼板模板

1) 楼梯模板当采用单块就位组拼时，宜以每个节间从四周先用阴角模板与墙、梁模板连接，然后向中央铺设。相邻模板边助应按设计要求用 U 形卡连接，也可以钩头螺栓与钢楞连接，

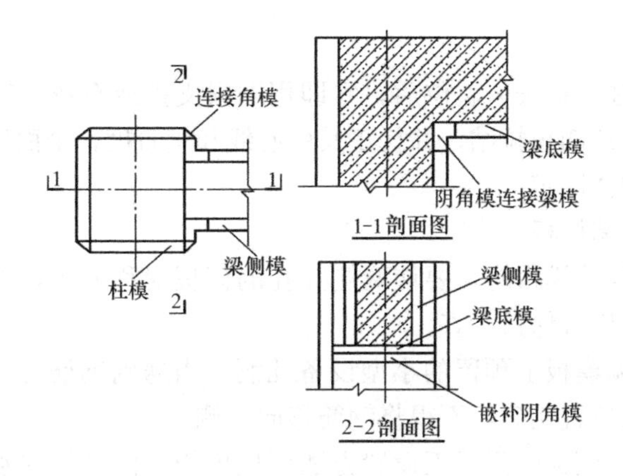

图 4-11　柱顶梁口采用木方镶拼

或采用 U 形卡预拼大块在吊装铺设。

2）采用立柱作为支架时，立柱和钢楞（龙骨）的间距根据模板设计计算决定，一般情况下立柱与外钢筋楞间距为 600～1200mm，内钢筋楞（小龙骨）间距为 400～600mm。调平后即可铺设模板。

3）采用钢管脚手架作为支撑时，在支柱高度方向每隔 1.2～1.3mm 设一道双向水平拉杆。

4）采用桁架作为支承结构时，一般应预先支好梁、墙模板，然后将桁架按模板设计要求支架设在梁侧模通长的型钢或方木上，调平固定后再铺设模板。

（5）柱模板

1）梁、柱模板分两次支设时，在柱混凝土达到拆模强度时，最上一段柱模板先保留不拆，以便与梁模板连接。

2）柱模板根部要用水泥砂浆堵严，防止跑浆；在配模时应一并考虑留出柱模板的浇筑口和清扫口。

3）保证柱模板的长度符合模数，不符合部分放到节点部位处理；或以梁底标高为准，由上向下配模，不符合模数部分放到柱根部位处理。柱高在 4m 和 4m 以下时，一般应四面支撑；当柱高超过 6m 时，不宜单根柱支撑，宜几根柱同时支撑，连成构架。

4）柱模板安装就位后，立即用四根支撑或有花篮螺栓的缆风绳与柱顶四角拉结，并校正其中心线和垂直度，全面检查合格后，再群体固定。

（6）墙模板

1）组装模板时，要使两侧穿孔的模板对称放置，以使穿墙螺栓与墙模板保持垂直。

2）墙模板上预留的小型设备孔洞，当遇到钢筋时，应设法确保钢筋位置正确，不得将钢筋移向一侧。

3）墙模板的门子板设置方法同柱模板。门子板的水平间距一般为 2.5mm。

4）相邻模板边助用 U 形卡连接的间距不得大于 300mm，预组装模板接缝处宜对严。

5）预留门窗洞口的模板应有锥度，安装要牢固，既不能变形，又便于拆除。

3. 模板验收

（1）组合钢模板工程安装过程中检查的内容

1）支承着力点和模板结构整体稳定性。

2）预留件和预留孔洞的规格数量及固定情况。

3）模板的拼缝宽度和高低差。

4）模板轴线位置和坐标。

5）竖向模板的垂直度和横向模板的侧向弯曲度。

6）组合钢模板的布局和施工顺序。

7）连接件、支承件的规格、质量和紧固情况。

（2）检验评定方法

1）钢模板质量验评定方法按百分制评定质量，检查内容包括单件检查和组装检查。其中单件检查为 90 分，组装检查为 10 分，满分为 100 分。

2）钢模板的质量分为优质品和合格品两个等级，其标准应符合以下规定：

A. 优质品。检查点合格率达到 90%，累计分数平均达到 90 分。

B. 合格品。检查点合格率达到 80%，累计分数平均达到 80 分。

3）检查抽样应符合如下规定（本规定只做行业检查评比和厂方综合评定某一批产品等级用：

A. 抽样数量。抽样规格品种不应少于 6 种。从每个规格中抽查 5 块，抽样总数不应少于 30 块，其中模板长度 $L \geqslant 900$mm 的抽样 4 种，角模抽查 1 种。

B. 抽样方法。由检查人员从成品仓库中或从用户库存产品种随机抽样。

C. 抽样基数。每种规格的数量不得少于 100 件。

4）评定方法。

A. 检查项目共有 29 项，按项目的重要程度分为关键项、主项和一般项三类。

B. 关键项安合格点数的比例记分。每块板侧三点时，有一点不合格者，应扣除该项应得分数的 1/3（测两点时，应扣除 1/2)，有两点不合格者，不应记分。

C. 主项和一般项都按合格点数的比例记分。每块板测三点时，有一点不合格者，应扣除该项应得分数的 1/3，有两点不合格者，应扣除应得分数的 2/3。

D. 钢模板关键项的同一项目有 40%的检查点超出允许偏差值时，应另外加倍抽样检验仍有 20%的检查点超出允许偏差值，则该品种为不合格品。

E. 焊点必须全部检查。合格点数大于或等于 90%者，应记满分（折合三点合格）；小于 90%大于或等于 80%者，应记 2/3 的分数（折合二点合格）；小于 80%大于或等于 70%者，应记 1/3 的分数（折合一点合格）；小于 70%者不应记分。如有夹渣、咬肉或气孔等缺陷，该点 按不合格计，如有漏焊、焊穿等缺陷，该板焊缝都不应记分。

F. 涂料检查分漏涂、皱皮、脱皮和流淌四项，每块有一项不合格应扣除1分。

G. 单件检查完后，应从样本中随机抽样做组装检查，由受检单位派4人在2h内拼装完毕，每超过5min应扣除1分。

5）焊点必须全部检查。合格点数大于或等于90%者，应记满分（折合一点合格）；小于90%大于或等于80%者，应记2/3的分数（折合一点合格），小于80%大于或等于70%者，应记1/3的分数（折合二点合格）；小于70%者应不记分。如有夹渣、咬肉或气孔等缺陷，该点按不合计，如有漏焊、焊穿等缺陷，该板焊缝都不应记分。

6）涂料检查分漏涂、皱皮、脱皮和流淌四项，每块有一项不合格应扣除1分。

7）单件检查后，应从样本中随机抽样做组装检查，由受检查派4人在2h内拼装完毕，每超过5min应扣除1分。

8）组装检查的拼模边长不应小于2m，组装模板的规格不应小于6种。

9）荷载试验不合格的产品判定为不合格品。

10）检查方法和积分标准应按表4-11执行。

钢模板质量检验方法和评定标准　　表4-11

序号	检查项目		项目性质	评分标准	检查点数	检查方法
1	外形尺寸	长度	关键项	6	3	检查中间及两边倾角部位
		宽度	关键项	6	3	检查两端及中间部位
		肋高	一般项	3	3	检查两侧面的两端及中间部位

续表

序号	检查项目		项目性质	评分标准	检查点数	检查方法
2	U形卡孔	孔直径	一般项	3	3	检查任意孔
		沿板长度的孔中心距	关键项	6	3	检查任意间距的两孔中心距
		沿板宽度的孔中心距	主项	2	2	检查两端任意间距的两孔中心距
		沿板宽度方向孔与边肋间的距离	主项	2	4	检查两端孔与两侧面的距离
		孔中心与板面的间距	主项	4	3	检查两端及中间部分
		沿板长度的孔中心与板端间距	主项	4	4	检查两端孔与板端间距
3	凸棱尺寸	高度	主项	4	3	检查任意部分
		宽度	一般项	3	3	检查任意部分
		边肋圆角	一般项	3	2	检查任意部分
4	面板端与两凸棱面的垂直度		关键项	6	2	直角尺一侧与板侧边贴紧检查另一边与板端的间隙
5	板面平面度		主项	4	3	检查沿板面长度方向和对角线部位测量最大值
6	板侧面凸棱直线度		主项	4	2	检查沿板面长度方向靠板侧凸棱面测量最大值，两个侧面各取一点
7	横肋	横肋、中纵肋与边肋的高度差	一般项	3	3	检查任意部位
		两端横肋组装位移	一般项	3	4	检查两端部位

续表

序号	检查项目		项目性质	评分标准	检查点数	检查方法
8	肋间焊缝长度		主项	4	3	检查所有焊缝
	焊缝	肋间焊缝高度	主项	3	3	检查所有焊缝
		肋与面板间的焊缝长度	一般项	4	3	检查所有焊缝
	肋与面板间的焊脚高度		一般项	3	3	检查所有部位
9	凸鼓的高度		一般项	3	3	检查任意部位
10	防锈漆外观		一般项	4	4	外观目测漏、皱、脱、淌各占1分
11	角模90°偏差		主项	3	3	检查两端及中间部分
12	组装检查	两块模板之间的拼缝间隙	一般项	2	1	检查任意部位
		相邻模板板面的高度差	一般项	2	1	检查任意部位
		组装板板面的平整度	一般项	2	1	检查任意部位
		组装模板板面长度尺寸	一般项	2	2	检查任意部位，长度各占1分
	组装模板板面对角线的长度差值		一般项	2	1	检查任意部位
13	累计			100	78	

4. 安全技术要求

（1）在组合钢模板上架设的电线和使用的电动工具，应采用36V的低压电源或采取其他有效的安全措施。

(2) 登高作业时，连接件必须放在箱盒或工具袋中，严禁放在模板或脚手架板上，扳手等于各类工具必须系挂在身上或置放与工具袋内，不得掉落。

(3) 钢模板用于高耸建筑施工时，应有防雷击措施。

(4) 高空作业人员严禁攀登组合钢模板或脚手架上下，也不得在高空的墙顶、独立梁及其模板等上面行走。

(5) 安装墙、柱模板时，应随时支撑固定，防止倾覆。

(6) 安装预组装模板时，应边就位边校正和安设连接件，并加设临边时支撑稳固。

(7) 预组装模板装拆时，垂直吊运应采取两个以上的吊点，水平吊运应采取四个吊点，吊点应合理布置并进行受力计算。

(8) 预组装模板拆除时，宜整体拆除，并应先挂好吊索，然后拆除支撑及拼接两片模板的配件，待模板离开结构表面后再起吊，吊钩不得脱钩。

(9) 组合钢模板装拆时，上下应有人接应，钢模板应随装拆随转运，不得堆放在脚手板上，严禁抛掷踩撞，若中途停歇，必须把活动部件固定牢靠。

(10) 拆除承重模板时，为避免突然整块坍落，必要时应先设立临时支撑，然后进行拆卸。

(11) 装拆模板必须有稳固的登高工具或脚手架，高度超过3.5m时，必须搭设脚手架。装拆过程中，除操作人员应挂上安全带。

(12) 模板的预留孔洞、电梯井口等处，应加盖或设置防护栏，必要时应在洞口处设置安全网。

(四) 组合钢模板的运输、维修与保管

1. 运输

(1) 钢模板运输时，不同规格的模板不宜混装，当超过车厢侧板高度时，必须采用有效措施防止模板滑动。

（2）短途运输时，支承件应捆绑，连接件应分类装箱。

（3）预组装模板运输时，可根据预组装模板的结构、规格尺寸和运输条件等，采取分层平方运输或分格竖直运输，但都应分隔垫实，支撑牢固，防止松动变形。

（4）装卸模板和配件可用起重设备成捆装卸或人工单块搬运，均应轻装轻卸，严禁抛掷，并应防止碰撞损坏。

2. 维修与保管

（1）钢模板和配件拆除后，应及时清除粘结的砂浆杂物，板面涂刷防锈油，对变形及损坏的钢模板及配件，应及时整形和修补，修复后的钢模板和配件应达到表4-12的要求，并宜采用机械整形和清理。

钢模板及配件修复后的主要质量标准（单位：mm）　表4-12

项　目		允许偏差
钢模板	板面平面度	≤2.0
	凸棱直线度	≤1.0
	边肋不直度	不得超过凸棱高度
配件	U形卡卡口残余变形	≤1.2
	钢楞及支柱直线度	≤1/1000

（2）对暂时不使用的钢模板，板面应涂刷脱模剂或非防锈油，背面油漆脱落处，应补涂防锈漆，焊缝开裂时应补焊，并按规格分类堆放。

（3）维修质量达不到要求的钢模板和配件不得发放使用。

（4）钢模板宜放在室内或敞棚内，模板的底面应垫离地面100mm以上；漏露天堆放时，地面应平整、坚实，有排水措施，模板底面应垫离地面200mm以上，两只垫离模板两端的距离不大于模板长度的1/6。

（5）配件入库保存时应分类存放，小件要点数装箱入袋，大件要整数成垛。

五、压型钢板模板安装

（一）安 装 准 备

（1）组合板或非组合板的压型钢板。与楼板现浇层叠合后能共同承受使用荷载的模板叫作组合板；不与现浇层共同承受使用荷载的叫作非组合板。在施工阶段都要进行强度和变形验算。

压型钢板跨中变形应控制在 $a=L/200\leqslant20$mm（L 为板的跨度），如超出变形控制量时，应铺设后在板底采取增加临时支撑措施。

在进行压型钢板的强度与变形验算时，应考虑以下荷载：

1）“可变荷载”包括施工荷载与附加荷载。

2）“永久荷载”包括压型钢板、楼板钢筋及混凝土自重。

（2）核对压型钢板型号、规格及数量是否符合要求，检查其是否有变形、翘曲、压扁、裂纹和锈蚀等缺陷。对存在的缺陷，需经处理后方可使用。

（3）对于布置在与柱子交接处和预留较大孔洞处的异型钢板，要通过放样提前把缺角和洞口切割好。

（4）用于混凝土结构楼板的模板，应按普通支模方法及要求，设置模板的支撑系统。直接支撑压型钢板的龙骨宜采用木龙骨。

（5）绘制压型钢板平面布置图，并根据平面布置图在钢梁或支撑压型钢板的龙骨上，画出压型钢板安装位置线，并标注出其型号。

（6）压型钢板应按房间所使用的型号、规格、数量及吊装顺序进行配套，将其多块成剁码放好，以备吊装。

（7）对端头有封端要求的压型钢板，若在现场进行端头封端时要提前做好端头封闭处理。

（8）用于组合板的压型钢板，安装前要编制压型钢板穿透焊施工工艺，按工艺要求选择及测定好焊接电流、焊接时间、栓钉的熔化长度参数。

安装注意事项

（1）需开洞的模板，必须进行相应支撑加固措施后方可切割开洞。开洞后，洞口四周应采取防护措施。

（2）安装施工用照明动力设备的电线，应使用绝缘线，并用绝缘支撑使电线与压型钢板模板隔离开。要经常检查线路，防止电线损坏漏电。照明、行灯电压通常不得超过36V，潮湿环境不得超过12V。

1. 钢结构楼板压型钢板模板安装

（1）安装工艺要点

在钢梁上画出钢板安装位置线→压型钢板成捆吊运并搁置在钢梁上→钢板拆捆、人工铺设→调整安装偏差和校正→板端与钢梁电焊（点焊）固定→钢板地面支撑加固模板跨度过大，则应先加设支撑→将钢板纵向搭接边点焊成整体→栓钉焊接锚固（如为组合楼板压型钢板时）→钢板表面清理

（2）安装工艺流程

1）压型钢板应多块叠垛成捆，使用扁担式专用吊具，由垂直运输机具吊运至待安装的钢梁上，然后由人工抬运、铺设。

2）压型钢板应采用前推法铺设。在等截面钢梁上铺设时，由一端开始向前铺设至另一端。在变截面梁上铺设时，由梁中开始向两端方向铺设。

3）铺设压型钢板时，相邻跨钢板端头的波梯形槽口要贯通对齐。

4）压型钢板要随铺设、随调整及校正位置，随将其端头与钢梁点焊固定，免在安装过程中钢板发生松动和滑落。

5）钢板和钢梁搭接长度不少于50mm。板端头与钢梁采用点

焊固定时，如无设计规定，焊点的直径通常为12mm，焊点间距一般为200～300mm。

6）在连续板的中间支座处，板端的搭接长度不少于50mm。板的搭接端头先点焊成一体，然后与钢梁再进行栓钉锚固，如图5-1所示。如为非组合板的压型钢板时，现在板端的搭接范围内，将板钻出直径为8mm、间距为200～300mm的圆孔，然后通过圆孔将搭接叠置的钢板和钢梁满焊固定，如图5-2所示。

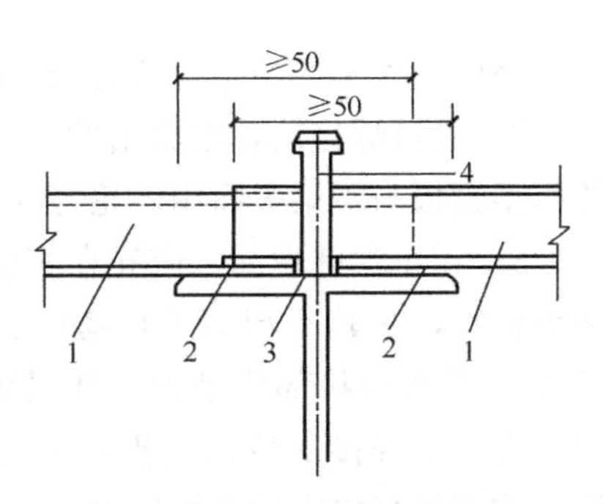

图5-1　中间支座处组合板的压型钢板链接固定

1—压型钢板；2—点焊固定；3—钢梁；4—栓钉锚固

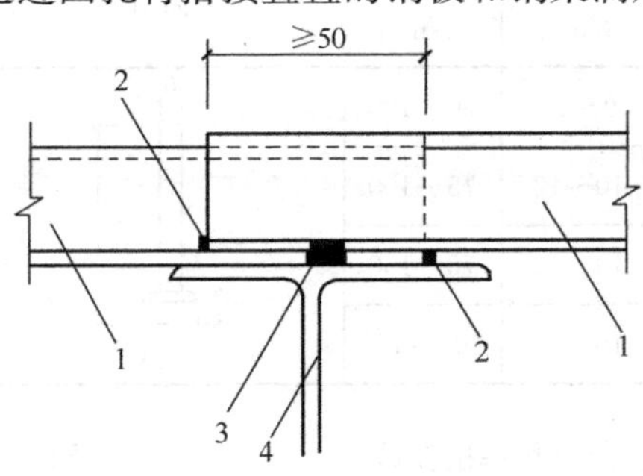

图5-2　中间支座处于非组合板的压实型钢板链接固定

1—压型钢板；2—板端点焊固定；3—压型钢板钻孔后与钢梁焊接；4—钢梁

7）直接支承钢板的龙骨要垂直于半跨方向布置。支撑系统的设置，按压型钢板在施工阶段变形控制量的要求及现行国家标准《混凝土结构工程施工质量验收规范》GB 50204—2002（2010版）的有关规定确定。

压型钢板支撑，需待楼板混凝土达到施工要求的拆模强度后才能拆除。如各层间楼板连续施工时，还应考虑多层支撑连续设置的层数，以共同承受上层传来的施工荷载。

（3）组合板的压型钢板与钢梁栓钉焊连接

1）栓钉焊的栓钉，其规格、型号与焊接的位置按设计要求确定。但穿透压型钢板焊接在钢梁上的栓钉不宜大于19，焊后栓钉高度应大于压型钢板波高加 30mm。

2）栓钉焊接前，按放出的栓钉焊接位置线，将栓钉焊点处的压型钢板与钢梁表面用砂轮打磨干净，以防止焊缝产生脆性。

3）在正式施焊前，应先在实验钢板上按预定的焊接参数焊两个栓钉，在其冷却后进行弯曲、敲击实验检查。敲弯角度达 45°后，检查焊接部位是否出现损坏和裂缝。如施焊的两个栓钉中，有一个焊接部位出现损坏或裂缝，就需要在调整焊接工艺后，重新做焊接实验及焊后检查，直至检验合格后方可正式开始在结构构件上施焊。

栓钉的规格及配套药座和焊接参数，见表 5-1 和表 5-2。

一般常用的栓钉规格　　　表 5-1

型号	栓钉直径 D/mm	端头直径 d/mm	头部厚度 δ/mm	栓钉长度 L/mm	简图
13	13	22	9～10	80～100	D, L, δ, d
16	16	29	10～12	75～100	
19	19	32	10～12	75～150	
22	22	35	10～12	100～175	

栓钉、药座和焊接参数　　　表 5-2

<table>
<tr><td colspan="3">项　目</td><td colspan="4">参　数</td></tr>
<tr><td colspan="3">栓钉直径/mm</td><td colspan="2">13～16</td><td colspan="2">19～22</td></tr>
<tr><td rowspan="3">焊接药座</td><td colspan="2">标准</td><td>YN-13FS</td><td>YN-16FS</td><td>YN-19FS</td><td>YN-22FS</td></tr>
<tr><td colspan="2">药座直径/mm</td><td>23</td><td>28.5</td><td>34</td><td>38</td></tr>
<tr><td colspan="2">药座高度/mm</td><td>10</td><td>12.5</td><td>14.5</td><td>16.5</td></tr>
<tr><td rowspan="4">焊接参数</td><td rowspan="3">标准条件（向下焊接）</td><td>焊接电流/A</td><td>900～1100</td><td>1030～1270</td><td>1350～1650</td><td>1470～1800</td></tr>
<tr><td>弧光时间/s</td><td>0.7</td><td>0.9</td><td>1.1</td><td>1～4</td></tr>
<tr><td>融化量/mm</td><td>2.0</td><td>2.5</td><td>3.0</td><td>3.5</td></tr>
<tr><td colspan="2">电容量/kW</td><td>>90</td><td>>90</td><td>>100</td><td>>120</td></tr>
</table>

4）组合式模板和钢梁栓钉焊接时，栓钉的规格型号以及焊接位置，应按设计要求确定。焊前，应先弹出栓钉位置线，并将模板和钢梁焊点处的表面，用砂轮磨打进行处理，清除油污、锈蚀及镀锌层。

5）栓钉焊毕，应按下列要求进行质量检查：

A. 目测检查栓钉焊接部位的外观，四周的熔化金属已形成均匀小圈且无缺陷则为合格。

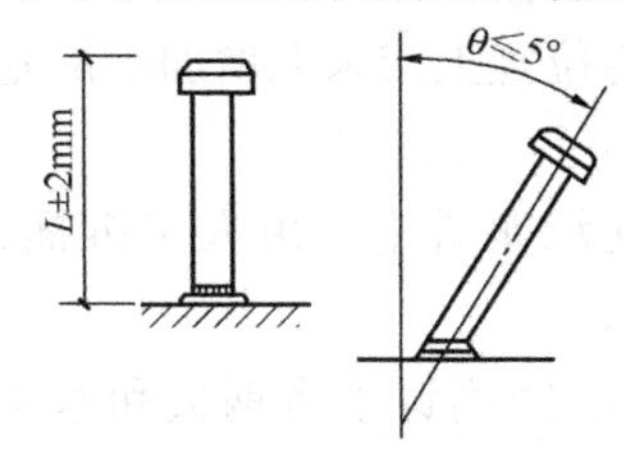

图 5-3　栓钉焊接允许偏差

L—栓钉长度；θ—偏斜角

B. 焊接后，自钉头表面算起的栓钉高度 L 的公差为 ± 2mm，栓钉偏离垂直方向的倾斜角 $\theta \leqslant 5^{\circ}$，如图 5-3 所示者为合格。

C. 目测检查合格后，对栓钉按规定进行冲力弯曲试验，弯曲角度为 15° 时，焊接面上禁止有任何缺陷。

（4）遇雨、雪、霜、雾和六级以上大风的天气时，应停止高空作业。复工前应做清除雨、雪处理。

（5）安装中途停歇时，应对已拆捆未安装的模板和结构做临时固定，不得单摆浮搁。每个层段，必须待模板全部铺设连接牢固且经检查合格后，方可进行下道施工工序。

（6）已安装好的压型钢板模板，如设计无规定时，施工荷载通常不得超过 2.5kN/m^2，更不得对模板施加冲击荷载。

（7）上、下层连续施工时，支撑系统应设置在同一垂直线上。

2. 混凝土结构现浇楼板压型钢板模板安装

（1）安装流程

在混凝土梁上或支承钢板的龙骨上放出安装位置线→用起重机把成捆的压型钢板吊运在支承龙骨上→人工拆捆、抬运、铺放钢板→调整、校正钢板位置→将钢板与支承龙骨钉牢→将钢板的顺边搭接用电焊、点焊连接→钢板清理

（2）安装工艺和技术要点

1）压型钢板模板，可采用支柱式、门架或桁架式支撑系统支撑，直接支承钢板的水平龙骨宜采用木龙骨。压型钢板支撑系统的设置，应按钢板在施工阶段的变形量控制要求及现行国家标准《混凝土结构工程施工质量验收规范》GB 50204—2002（2010 版）的有关规定确定。

2）直接支承压型钢板的木龙骨，应垂直于钢板的跨度方向布置。钢板端部搭接处，要装置在龙骨位置上或采取增加附加龙骨措施，钢板端部不得有悬臂现象。

3）压型钢板安装，应在搁置的支承龙骨上，由人工拆捆、单块抬运和铺设。

4）钢板随铺放就为、随调整校正、随用钉子将钢板和木龙骨钉牢，然后沿着板的相邻搭接边点焊牢固，把板连接成一体，如图 5-4 所示。

安装工艺和技术要点（图 5-5、图 5-6）

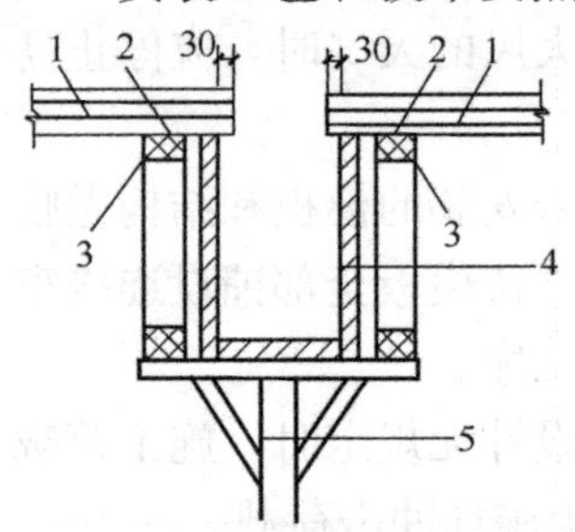

图 5-4　压型钢板与现浇梁连接构造

1—压型钢板；2—压型钢板与支承龙骨钉子固定；3—支承压型钢板龙骨；4—现浇梁模；5—模板支撑架

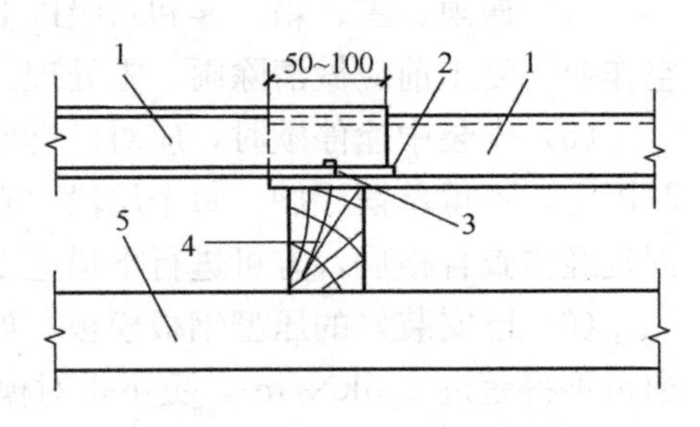

图 5-5　压型干板长向搭接构造

1—压型钢板；2—压型钢板端头点焊连接；3—压型钢板与木龙骨钉子固定；4—支承压型钢板次龙骨；5—主龙骨

5）吊装模板的吊具，应使用扁担式平衡吊具，吊索与模板应呈 90°夹角。

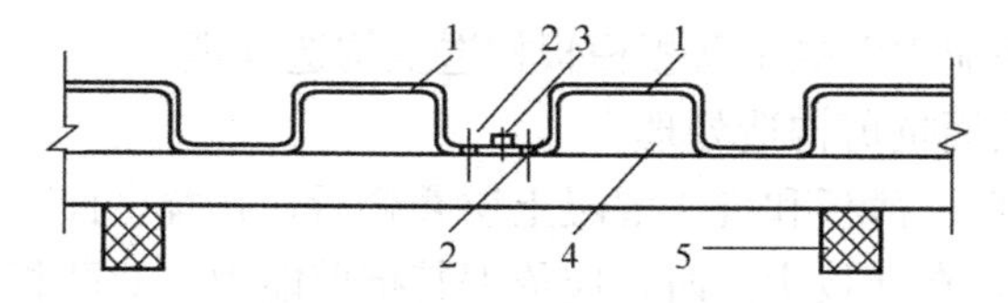

图 5-6 压型钢板短向连接构造

1—压型钢板；2—压型钢板与龙骨钉子固定；3—压型钢板点焊连接；4—次龙骨；5—主龙骨

（二）混凝土薄板模板

1. 预应力混凝土薄板模板

（1）安装准备

1）单向板若出现纵向裂缝时，必须征得工程设计单位同意后方可使用。钢筋向上弯成 45°，板表面的尘土、浮渣应清除干净。

2）在支撑薄板的墙或梁上，弹出薄板安装标高控制线，同时分别画出安装位置线和注明板号。

3）按硬架设计要求，安装好薄板的硬架支撑，检查硬架上龙骨的上表面是否平直及符合板底设计标高要求。

4）将支撑薄板的墙或梁面部伸出的钢筋调整好。检查墙、梁顶面是否符合安装标高要求（墙、梁面顶标高比地板设计标高低 200mm 为宜）。

5）薄板硬架支撑。其龙骨通常采用 100mm×100mm 方木，也可以用 50mm×100mm×2.5mm 薄壁方钢管或其他轻钢龙骨、铝合金龙骨。其立柱最好采用可调节钢支柱，亦可采用 100mm×100mm 木立柱。其拉杆可采用脚手架钢管或 50mm×100mm 方木。

6）板缝模板。一个单位工程应采用同一种尺寸的板缝宽度，或做成与板缝宽度相适应的几种规格书木模。要使板缝凹进缝内 5～10mm 深（有吊顶的放间除外）。

（2）安装工艺

1）预应力混凝土薄板模板构造及构造处理

A. 板面抗剪构造处理。

为了保证薄板和现浇混凝土层叠合后，在叠合面具有一定的抗剪能力，在薄板生产时，应依据其抗剪能力，对薄板上表面做必要的处理。

（A）当要求叠合面承受的抗剪能力较小时，可在板的上表面加工成具有粗糙划毛的表面，用滚筒压成小凹坑。凹坑的长、宽通常在 50～80mm，深度在 6～10mm，间距在 150～300mm；或用网状滚轮辊压成 4～6mm 深的网状压痕表面，如图 5-7 所示。

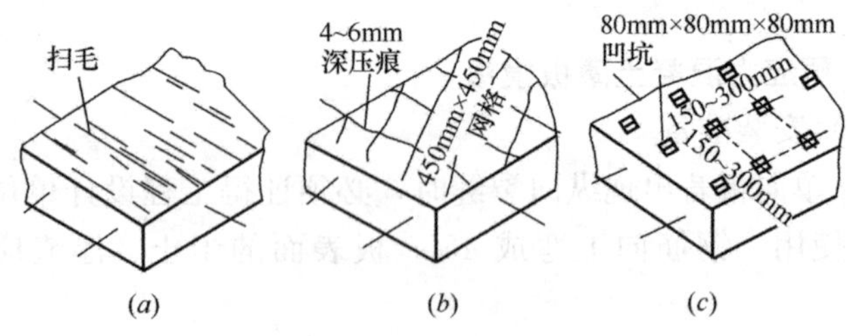

图 5-7　版面表面处理

（a）扫毛；（b）压痕；（c）凹坑

（B）当要求叠合面承受较大的抗剪能力（大于 0.4N/mm²）时，薄板表面除要求粗糙外，还要增设抗剪钢筋，其规格及间距由设计计算确定。抗剪钢筋如图 5-8 所示。

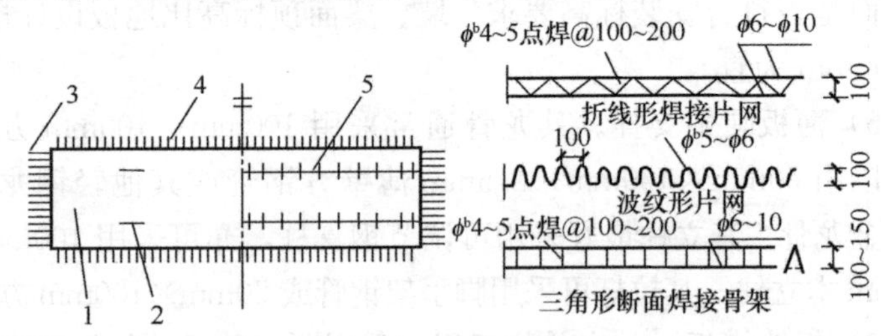

图 5-8　板面抗剪钢筋

1—薄板；2—吊环；3—主筋；4—分布筋；5—抗剪钢筋

预应力混凝土薄板模板，为了增加薄板施工时的刚度，减少临时支撑，在薄板表面还可设置钢筋桁架，如图 5-9 所示。

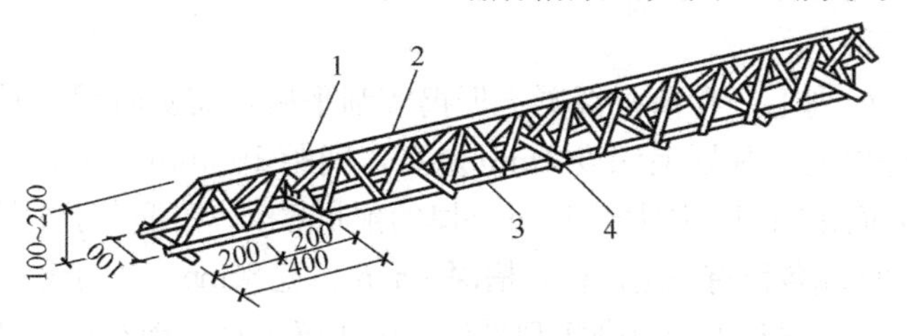

图 5-9　板面钢筋桁架

1—ϕ10 ϕ16 上铁；2—ϕ6 肋筋；3—ϕ8 下铁；4—ϕ6@400 分布钢筋

B. 板面抗剪构造处理。

2）预应力混凝土薄板模板构造

A. 预应力混凝土薄板作为永久性模板，与面层现浇钢筋混凝土叠合层结合在一起形成的楼板结合层，其楼板的正弯矩钢筋设置在预制薄板内，预应力筋通常采用高强钢丝或冷拔低碳钢丝，支座负弯矩钢筋则设置在现浇钢筋混凝土叠合层内。起构造做法如图 5-10 所示。

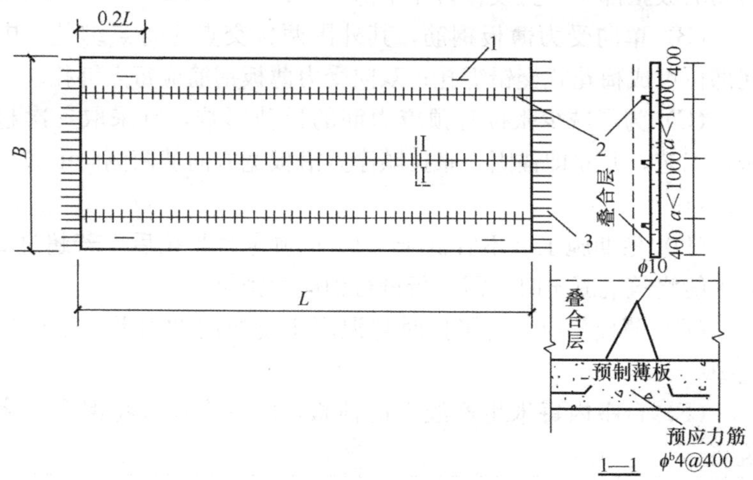

图 5-10　预应力混凝土薄板构造

1—吊环；2—预留钢筋小肋；3—预留预应力筋；

B—薄板宽度；L—薄板长度

B. 根据预制与现浇结合面的抗剪要求，其叠合面的构造有以下三种：

表面划毛。在薄板混凝土振捣实刮平后，需及时用工具对表面进行划毛，其划毛深度 4mm 左右，间距 100mm 左右。

表面刻凹槽。凡大于 100mm 厚的预制薄板，在垂直于主筋方向的板的两端各留有三道凹槽，槽深 10mm、宽 80mm；对于较薄的预制薄板，待混凝土振捣密实刮平后，用建议工具刻梅花钉，其钉长和宽均为 40mm 左右，深度为 10～20mm，间距 150mm 左右，

预留结构钢筋（或称钢筋小肋）。这种构造对现浇混凝土和预制薄板面的结合效果较好。同事能增加预制薄板平面以外的刚度，减少预制薄板出池、运输、堆放及安装过程中可能出现的裂缝，如图 5-10 所示。

3）预应力混凝土薄板模板制作、运输和存放、制作

A. 施工要点：

（A）薄板宜在构件预制厂采取台座法生产。固定台座预应力筋的放张部位，宜设在台座中部。

（B）单向受力薄板钢筋，其外围两排交点应每点绑扎，中间部位可成梅花式交错绑扎；双向受力薄板钢筋应每点绑扎。

（C）为了减少张拉时预应力筋的松弛影响，宜采取一次超张拉工艺，并立即锚固。张拉顺序宜沿板宽方向从两侧向中央对称进行。

（D）冬期施工（不宜低于－15°）预应力张拉后，若超过 2 天未能浇筑混凝土时，需重新进行预应力张拉。

（E）薄板预应力筋张拉时与混凝土浇筑时的温差，不得超过 20°。

（F）台座内每米生产线上的薄板，应一次连续将混凝土浇筑完。

（G）薄板混凝土浇筑后，应立即进行养护。

（H）断丝放张应用氧气-乙炔火焰从板的两侧分别向板中间隔根对称切割，避免薄板发生扭转现象。为了防止放张处板端因

受力不均而出现裂缝，可在放张处相邻两块薄板端部的上、下面，各预埋一块和板同宽，长500mm的焊接网片。

(I) 薄板制作的允许偏差（表5-3）。

薄板制作的允许偏差　　表5-3

项目	允许偏差/mm	检测方法
板长度	+5	尺检：用5m或10m钢尺量
板宽度	±5	尺检：用2m钢尺量
板厚度	±4 −2	尺检：用2m钢尺量
串角	±10	尺检：用5m或10m钢尺量
侧向弯曲	构件长/750且≤20	小线拉、钢板尺量
扭翘	构件宽/750	小线拉、钢板尺量
表面平整度	±8	用2m靠尺靠、楔形尺量
底板平整度	±2	用2m靠尺靠、楔形尺量
主筋外伸长度	±10	用钢板尺量
主筋保护层	±5	用钢板尺量
预应力筋水平位置	±5	用钢板尺量
预应力筋竖向位置	（距底板）±2	用钢板尺量
吊钩相对位移	≤50	用钢板尺量
预埋件位置	中心位移：10 平面高差：5	用钢板尺量
预应力钢筋下料长度相对差值	≤L/5000且≤2 （L为下料长度）	用钢板尺量
张拉预应力值预规定偏差百分率	5%	—
预应力钢筋有效长度	±1/10000	—

B. 运输和堆放

（A）薄板生产出池后，存放期不得超过两个月。薄板必须达到设计强度后方可运输。

（B）薄板堆放高度通常不宜超过 8 块，整间薄板或长度大于 4m 条板不宜超过 6 块。堆放宜采用四支点支垫，整间或大于 6m 长条板应在中间增设垫木。

（C）整间薄块应使用立放板架运输，板底需有五点以上的支垫。

在墙或梁上弹出薄板安装水平线并画出安装位置线→薄板硬架支撑安装→检查和调整硬架支撑龙骨上口水平标高→薄板吊运、就位→板底平整度检查及偏差纠正处理→整理板端伸出钢筋→板缝模板安装→薄板上表面清理→绑扎叠合层钢筋→叠合层混凝土浇筑并达到要求强度后拆除硬架支撑预应力混凝土薄板模板。

4）预应力混凝土薄板模板安装工艺

硬架支撑安装

硬架支承龙骨上表面应保持平直，要与板底标高相同。龙骨及立柱的间距，要满足薄板在承受施工荷载和叠合层钢筋混凝土自重时，不产生裂缝和超出允许挠度的要求。通常情况下，立柱及龙骨的间距以 1200～1500mm 为宜。立柱下支点要垫通板，如图 5-11 所示。

当硬架的支柱高度大于 3m 时，支柱之间必须加设水平拉杆拉固。如采用钢管立柱时，连接立柱的水平拉杆必须使用钢管和卡扣与立柱卡牢，禁止采用钢丝绑扎。硬架的高度在 3m 以下时，应根据具体情况确定是否拉结水平拉杆。在任何情况下，都必须确保硬架支撑的整体稳定性。

（3）薄板吊装

吊装跨度在 4m 以内的条板时，可根据垂直运输机械起重能力和板重一次吊运多次。多块吊运时，应于紧靠半垛的垫木位置处，用钢丝绳兜住板垛的地面，将板垛吊运到楼层，先临时平稳

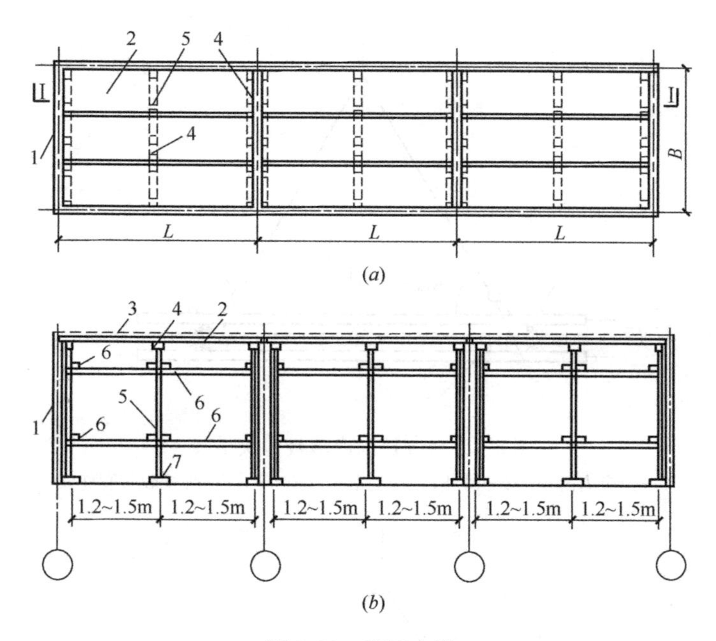

图 5-11　硬架支撑

(*a*) 薄板支撑平面布置；(*b*) 1-1 剖面图

1—薄板支承墙体；2—预应力薄板；3—现浇混凝土叠合层；4—薄板支承龙骨（100mm×100mm 方木或 50mm×100mm×2.5mm 薄壁方钢管）；5—支柱（100mm×100mm 方木或可调节的钢支柱，横距 0.9～1m）；6—纵、横向水平拉杆（50mm×100mm 方木或脚手架钢管）；7—支柱下端支垫（50mm 厚通板）

停放在指定加固好的硬架或楼板位置上面然后挂吊环单位安装就位，如图 5-12 所示。

吊装跨度大于 4m 的条板或整间式的薄板，应采取 6～8 点吊挂的单块吊装方法。吊具可采用焊接式方钢框或双铁扁担式吊装架和游动式钢丝绳平衡锁具，如图 5-13 所示。

薄板起吊时，先吊离地面 50cm 停下，检查吊具的滑轮组、钢丝绳及吊钩的工作状况及薄板的平稳状态是否正常，然后提升安装、就位薄板调整。

采用撬棍拨动调整薄板的位置时，撬棍的支点要垫木块，防

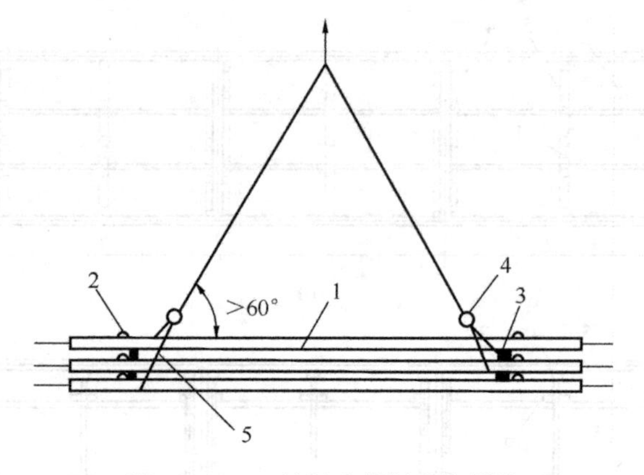

图 5-12　4m 长以内薄板多块吊装

1—预应力薄板；2—吊环；3—垫木；4—卡环；5—带橡胶管套兜索

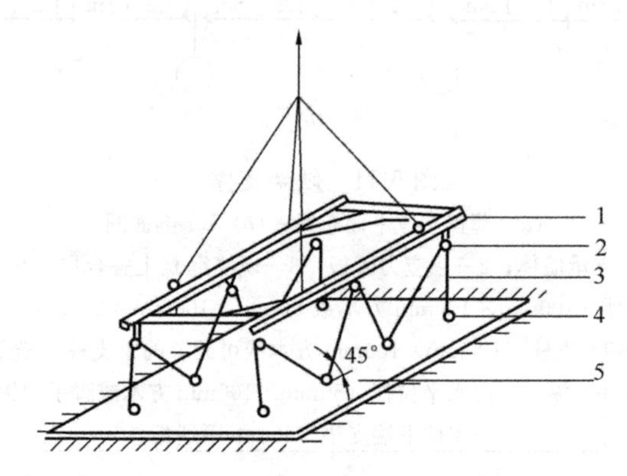

图 5-13　单块薄板八点吊装

1—方框式［12 双铁扁担吊装架；2—开口起重滑子；

3—钢丝绳 6×19ϕ12.5；4—索具卸扣；5—薄板

止损坏板的边角。薄板位置调整好后，检查板底与龙骨的接触情况，如发现板底和龙骨上表面之间空隙较大时，可采用以下方法调整：如龙骨上表面的标高有偏差时，可通过调整立柱螺纹或木立柱下脚的对头木楔纠正其偏差；如属板的变形（反弯曲或翘曲）所致，当变形发生在板端或板中部时，可用短粗钢筋棍和板缝成垂直方向贴住板的上表面，再用 8 号钢丝通过板缝将粗钢筋棍与板底的支撑龙骨别紧，使板底和龙骨贴严，如图 5-14 所示；如变形只发生在板端部时，也可用撬棍将板压下，使板底贴至龙骨上表面，然后用粗短钢筋棍的一端压住板面，另一端与墙（或梁）上钢筋焊牢固定，撤除撬棍后，使板底和龙骨接触严密，如图 5-15 所示。

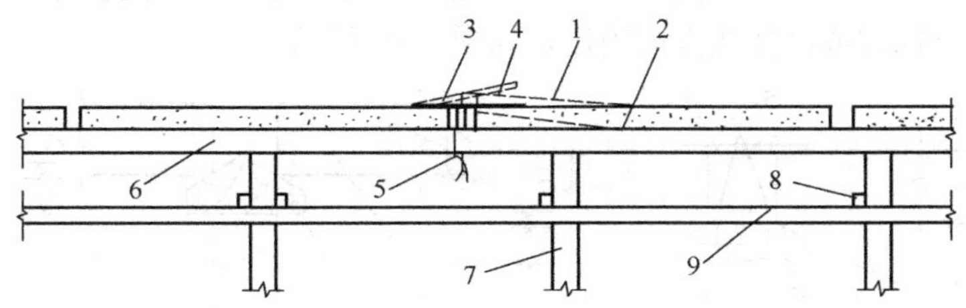

图 5-14　板端或板中变形的校正

1—板校正前的变形位置；2—板校正后的位置；3—l＝400mm，ϕ25 以上钢筋用 8 号钢丝拧紧后的位置；4—钢筋在 8 号钢丝拧紧前的位置；5～8 号钢丝；6—薄板支承龙骨；7—立柱；8—纵向拉杆；9—横向拉杆

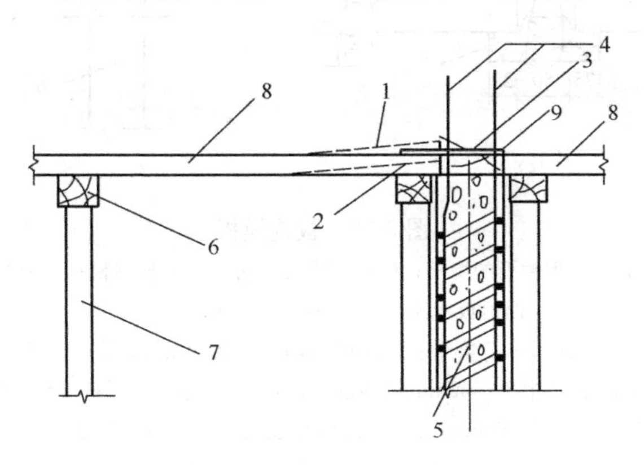

图 5-15　板端变形的校正

1—板端校正前的位置；2—板端校正后的位置；3—粗短钢筋头与墙体立筋焊牢压住板端；4—墙体立筋；5—墙体；6—薄板支承龙骨；7—立柱；8—混凝土薄板；9—板端伸出钢筋

板端伸出钢筋的整理

薄板调整好后，将板端伸出钢筋调整到设计要求的角度，在

理直伸入对头板的叠合层内。不得将伸出钢筋弯曲成 90°或往回弯入板的自身叠合层内。

板缝模板安装

薄板底如做不设置吊顶的普通装修顶棚时，板缝模宜做成具有凸缘或三角形截面同时和板缝宽度相配套的条模，安装时可采用支撑式或吊挂式方法固定，如图 5-16 所示。

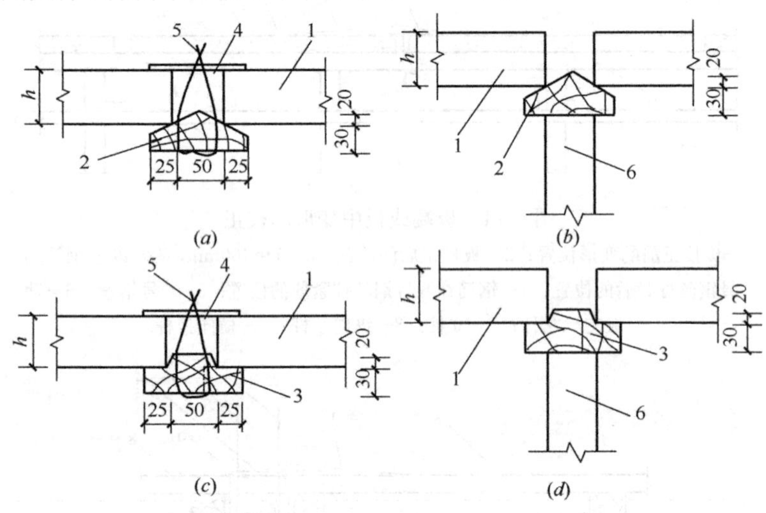

图 5-16 板缝模板

(*a*) 吊挂式三角形截面的缝模；(*b*) 支撑式三角形截面板缝模；(*c*) 吊挂式带凸沿板缝模；(*d*) 支撑式带凸沿板缝模

1—混凝土薄板；2—三角形截面版缝模；3—带凸沿截面板缝模；4—1＝100mm，ϕ6～ϕ8，中-中 500mm 钢筋别棍；5—14 号钢丝穿过板缝模，4 孔与钢筋别棍拧紧（中-中 500mm）；6—板缝模支撑（50mm×50mm 方木，中-中 500mm）；*h*—板厚（mm）

薄板表面处理工艺如下：

在浇筑叠合层混凝土前，板面预留的剪力钢筋要修整好，板表面的浮浆、浮渣、起皮、尘土要清理干净，然后用水将板润透（冬期施工除外）。冬期施工薄板不能用水冲洗时应采取专门措施，确保叠合层混凝土与薄板结合成整体。

硬架支撑拆除。如无设计要求时，需待叠合层混凝土强度达到设计强度标准值的70%后，才能拆除硬架支撑。

（4）安装质量要求

薄板安装的允许偏差见表5-4。

薄板安装的允许偏差　　表5-4

项　　目	允许偏差/mm	检验方法
相邻两板底高差	高级，≤2 中级，≤4 有吊顶或抹灰，≤5	安装后在板底与硬架龙骨上表面处用塞尺检查
板的支承长度偏差	5	用钢板尺量
安装位置偏差	≤10	用钢板尺量

2. 预制预应力混凝土薄板模板

（1）组合板安装

预制预应力混凝土薄板模板组合板安装见表5-5。

预制预应力混凝土薄板模板组合板安装　　表5-5

项目	施　工　要　点
料具准备工作	①薄板硬架支撑。其龙骨通常可采用100mm×100mm方木，也可用50mm×100mm×2.5mm薄壁方钢管或其他轻钢龙骨、铝合金龙骨。其立柱宜采用可调节钢支柱，亦可采用100mm×100mm木立柱，其拉杆课采用脚手架钢管或50mm×100mm方木。 ②板缝模板。一个单位工程一般采用同一种尺寸的板缝宽度，或做成与板缝宽度相适应的几种规格木模。要使板缝凹进峰内5～10mm深（有吊顶的房间除外）。 ③配备好钢筋扳手、撬棍、吊具、卡具、8号钢丝等工具
作业条件准备	①在支承薄板的墙或梁上，弹出薄板安装标高控制线，并分别画出安装位置线及标明板号。 ②将支承薄板的墙或梁顶部伸出的钢筋调整好，钢筋向上弯成缝时，必须征得工程设计单位同意后方可使用。 ③检查墙、梁顶面是否符合安装标高要求（墙、梁顶面标高比板底设计标高低20mm为宜）

(2) 非组合板安装

预制预应力混凝土薄板模板非组合板安装见表5-6。

预制预应力混凝土薄板模板非组合板安装　　表5-6

项目	施工要点
作业条件准备	①安装好薄板支撑系统，检查支承薄板的龙骨上表面是否平直及符合板底的设计标高要求。在直接支承薄板的龙骨上，分别划出薄板安装位置线、标注出板的型号。 ②检查薄板是否有裂缝、掉角、翘曲等缺陷，对有缺陷者需处理后在使用。 ③去掉板的四边飞刺，板两端伸出钢筋向上弯起60°，表面尘土和浮渣清理干净。 ④按板的规格、型号和吊装顺序将板分垛码放好
安装工艺流程	薄板支撑系统安装→薄板的支承龙骨上表面的水平及标高校核→在龙骨上画出薄板安装位置线、标注出板的型号→板垛吊运、搁置在安装地点→薄板人工抬运、铺放和就位→板缝勾缝处理→整理板端伸出钢筋→薄板吊环的锚固筋铺设和绑扎→绑叠合层钢筋→版面清理、浇水润透（冬期施工除外）→混凝土浇筑、养护至设计强度后拆除支撑系统
安装工艺要点	①薄板的支撑系统，可采用立柱式、桁架式或台架式的支撑系统。支撑系统的设计需按现行国家标准《混凝土结构工程施工质量验收规范》GB 50204—2002（2010版）中模板设计有关规定执行。 ②薄板一次吊运的块数，除应考虑吊装机械的起重能力外，还应考虑薄板采用人工码垛和拆垛、安装的方便。对板垛临时停放在支撑系统的龙骨上或已安装好的薄板上，要注意板垛停放处的支撑系统是否超载，避免该处的支承龙骨或薄板发生断裂，造成板垛坍塌事故。 ③薄板堆放的铺底支垫，必须使用通长的垫木（板），板的支垫和靠近吊环位置。其存放场地要平整、夯实和有良好的排水措施。 ④薄板采用人工逐块拆垛，安装时，操作人员的动作要协调一致，避免板垛发生倾翻事故。 ⑤薄板铺设和调整好后，应检查其板底和龙骨的搭接面及板侧的对接缝是否严密，如有缝隙时可用水泥砂浆钩严，以防在浇筑混凝土时产生漏浆现象。 ⑥板端伸出钢筋要按构造要求伸入现浇混凝土层内。穿过薄板吊环内的纵、横锚固筋，必须放在现浇楼板底部钢筋之上

（三）双钢筋混凝土薄板模板

双钢筋混凝土薄板模板的构造和安装如下。

1. 双钢筋混凝土薄板模板的构造

薄板厚为63mm，单板规格（平面尺寸）可分为9种板，见表5-7。

双钢筋混凝土薄板模板规格　　表5-7

板长 L	4080	4380	4680	4980	5280	5580	5880	6180	6480	6780	7080
板宽 b	1390、1690、2000、2300、2600、2900、3200、3500、3800										

板的拼接，可根据三拼板，四拼板，五拼板几种形式拼接成整间的双向受力现浇叠合楼板的底板，如图5-17所示。经多块拼接与现浇混凝土层叠合后，楼板的最大跨度间距可达7500mm×9000mm。

薄板之间的拼接缝宽度通常为100mm，如排板需要时可在80～70mm之间变动，但大于100mm的拼缝，应置于接近楼板支撑边的一侧。拼接缝的布置如图5-18所示。薄板上表面的抗剪构造，为保证薄板和现浇混凝土层叠合后在叠合面的抗剪能力，板面可根据其对抗剪能力的不同要求进行构造处理，其做法与冷轧钮钢筋混凝土薄板模板相同。

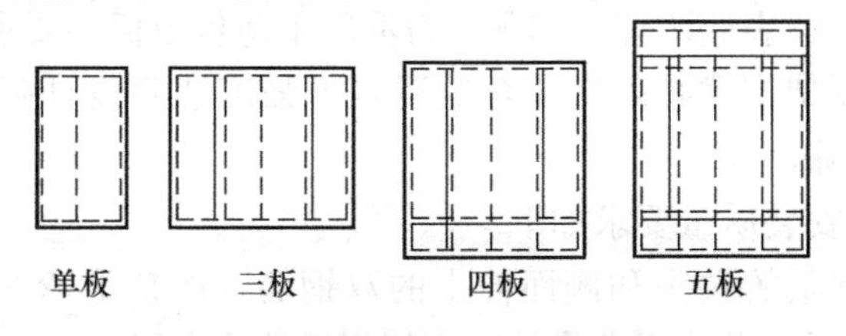

图5-17　双钢筋混凝土薄板组拼图

2. 双钢筋混凝土薄板模板的安装

（1）安装工艺流程与预应力混凝土薄板模板的安装工艺流程

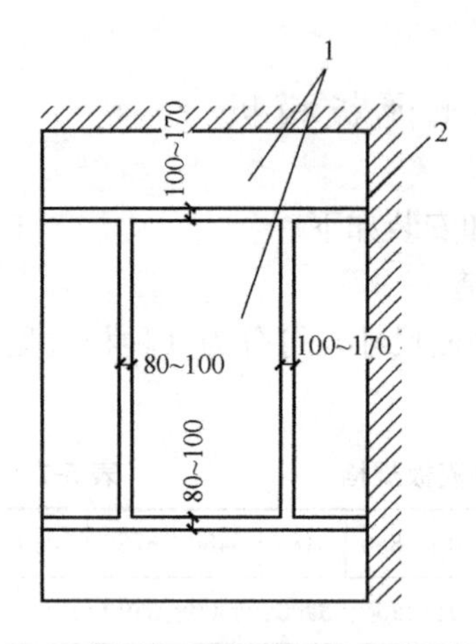

图 5-18　薄板拼接缝布置
1—双钢筋混凝土薄板；
2—连续边支座

相同。

(2) 工艺技术要点如下。

1) 硬架的支撑安装和预应力混凝土薄板模板的安装要求相同；

2) 硬架支撑的水平拉杆设置。当房间开间为单拼板或三拼板的组合情况，硬架的支柱高度大于 3m 时，支柱之间必须加设水平拉杆；支柱高度在 3m 以下时，可根据情况确定是否拉结。当房间开间为四拼板或五拼板的组合情况时，支柱必须加设纵、横贯通的水平拉杆。在任何情况下，都必须确保硬架支撑的整体稳定性。

3) 薄板吊装，应钩挂预留的吊环采取八点平衡吊挂的单块吊装方法。薄板起吊方法与预应力混凝土薄板模板的起吊方法相同。

4) 薄板调整。与预应力混凝土薄板模板的方法相同。

5) 板伸出钢筋的处理。薄板调整好后，将板端及板侧伸出的钢筋调整到设计要求的角度，并伸入相邻板的叠合层混凝土内。

6) 板缝模板安装。和预应力混凝土薄板模板的要求相同。

7) 薄板表面清理。和预应力混凝土薄板模板的要求相同。

8) 硬架支撑必须待叠合层混凝土强度达到设计强度 100％后才能拆除。

(3) 安装质量要求如下。

1) 薄板的端头和侧面伸出的双钢筋，严禁上弯 90°或压在板下，必须按设计要求将其弯入相邻板的叠合层内。

2) 板缝的宽度及其双钢筋绑扎的位置要正确，板侧面附着的浮渣、杂物等要清理干净并用水湿润透（冬期施工除外）。板缝混凝土振捣要密实，以确保板缝双向传递的承载能力。

3）在楼板施工中，薄板如需要开凿管道等设备孔洞，应征得工程设计单位同意，开洞后需对薄板采取补强措施。开洞时禁止擅自扩大孔洞面积和切断板的钢筋。

（四）预制双钢筋混凝土薄板模板

1. 运输和堆放

（1）薄板采用平方成垛运输时，在垛底可采用通长垫木支垫在靠吊环点处，支垫上下要垂直对齐，支垫处（上下表面）需加橡胶垫垫实。

（2）薄板吊运应吊挂板面上的吊环，采用8个吊点的平衡吊具同步吊运，吊运过程中不得随意弯曲薄板伸出的钢筋。

（3）薄板应分类、分规格堆放，码放高度不多于6块，堆放方法如图5-19所示。

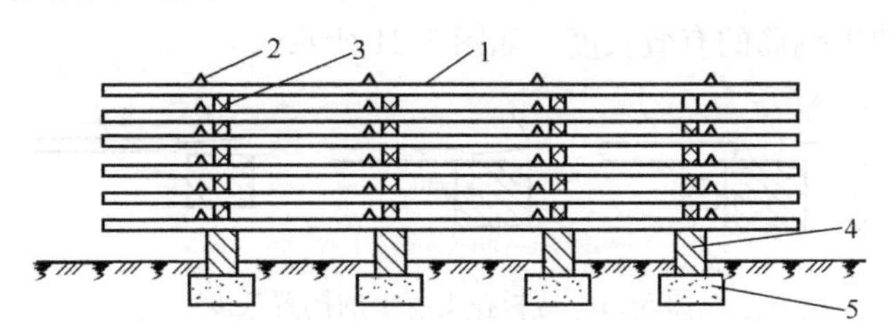

图5-19 双钢筋混凝土薄板模板堆放示意图

1—薄板；2—吊环；3—100mm×100mm×200mm垫木；4—240mm×240mm×300mm砖垛，顶部用水泥砂浆找平一标高；5—3：7灰土

2. 安装

（1）薄板应按8个吊环同步起吊，运输、堆放的支点位置应在吊点位置。

（2）堆放场地应夯实平整。不同板号应分别码垛，不允许不同版号重叠堆放。堆放高度不得大于6层。

（3）薄板安装前应事先做好现场临时支架，如图5-20所示，并找平、找正后方能安装就位，与支架直交的板缝可以使用

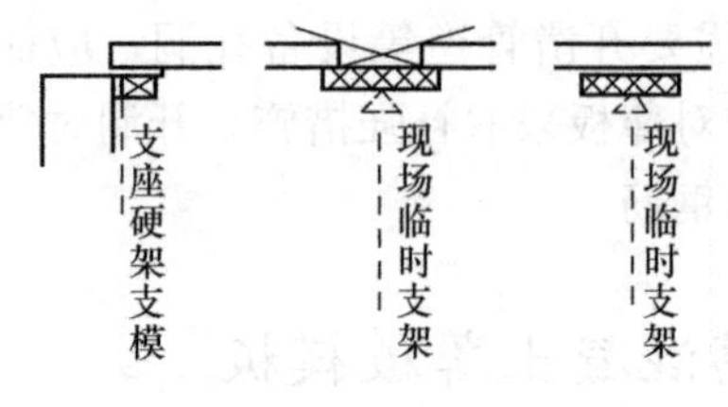

图 5-20　临时支架示意

吊模。

硬架支撑的水平拉杆设置：当房间开间为单拼板或三拼板的组合情况，硬架的支柱高度大于 3m 时，支柱之间必须加设水平拉杆；支柱高度在 3m 以下时，可根据情况确定是否拉结。当房间开间为四拼板或五拼板的组合情况时，支柱必须加设纵、横贯通的水平拉杆。在任何情况下，都必须确保硬架支撑的整体稳定性。

（4）板侧伸出的双钢筋长度与板端伸入支座内的双钢筋的长度不少于 300mm。薄板在支座上的搁置长度通常为＋20mm，如排板需要时亦可在－50～＋30mm 之间变动（但简支边的搁置长度应大于 0mm），若必须小于－50mm 时，应增加板端伸出钢筋的长度，或在现场另行加筋（梯格双钢筋）和伸出钢筋搭接，以增加伸出钢筋的有效长度，如图 5-21 所示。

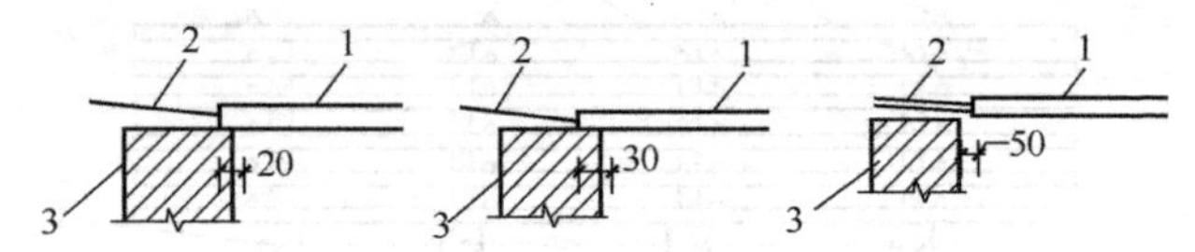

图 5-21　薄板在支座上的搁置长度

1—薄板；2—伸出双钢筋≥300mm；3—支座（墙或梁）

（5）薄板的吊环构造连接。薄板拼接完后，沿吊环的两个方向用通长的 $\phi 8$ 钢筋将吊环进行双向连接，钢筋端头伸入邻跨 400mm 并加弯钩，和吊环直角方向的钢筋穿越吊环，另一方向的钢筋置于直角钢筋下同时与之绑扎，如图 5-22 所示。

（6）薄板调整好后，将板端与板侧伸出的钢筋调整到设计要求的角度，并伸入相邻板的叠合层混凝土内，如图 5-23 所示。

（7）在楼板叠合层预留孔洞、孔位周边，各侧加放双钢筋，如图 5-24 所示，筋长＝孔径＋600mm，浇筑在叠合层内。待叠合层浇筑养护后，再将薄板孔洞钻通。

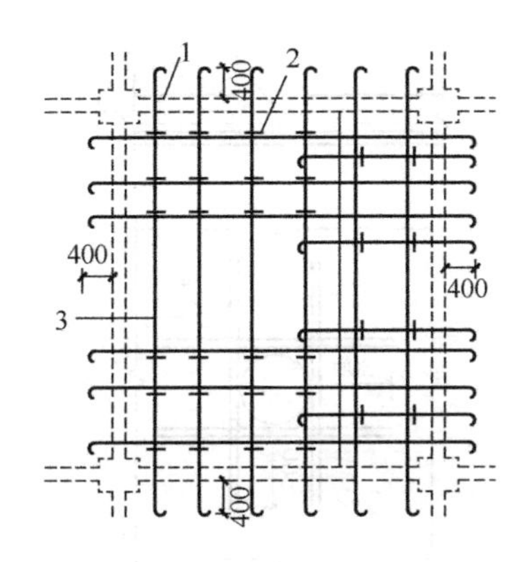

图 5-22 薄板的吊环连接构造（四拼或五拼板）

1—板的周边支座；2—吊环；3—纵、横向 ϕ8 连接钢筋

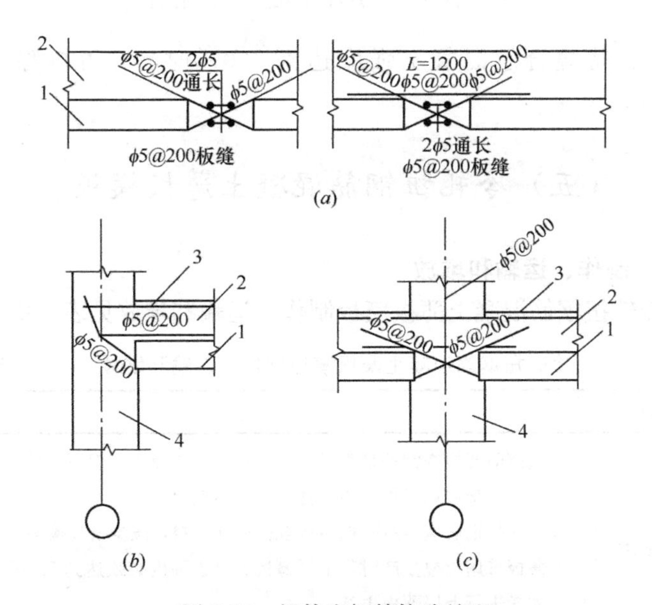

图 5-23 板伸出钢筋构造处理

（a）板拼缝连接构造处理；（b）山墙支座处连接构造处理；

（c）中间支座处板连接构造处理

1—双钢筋混凝土薄板；2—现浇混凝土叠合层；

3—支座负筋；4—墙体

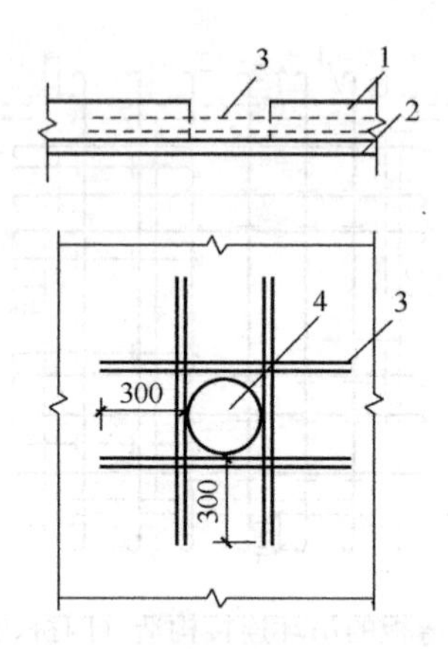

图 5-24　预留孔洞配筋位置示意图

1—叠合层；2—薄板；3—配筋；4—孔洞

（8）待叠合层混凝土强度达到 100%时，方可拆除下部支架。

（五）冷轧扭钢筋混凝土薄板模板

1. 制作、运输和堆放

冷轧扭钢筋混凝土薄板模板制作、运输和堆放见表 5-8。

冷轧扭钢筋混凝土薄板模板制作、运输和堆放　　表 5-8

项目	要　求
制作要求	①入模前要检查钢筋是否平直，有弯曲时应校正，但不得使用铁锤敲击。全部交接点必须采用绑扎，不得用电焊。 ②冷轧扭钢筋应尽量根据薄板规格尺寸下料，减少搭接接头。 ③薄板采用重叠生产时，下层薄板混凝土强度必须达到 500N/mm^2 后，才能进行上层薄板生产。 薄板制作允许偏差，除主筋外伸长度为 5mm 外，其他可参见表 5-9
运输和堆放要点	①薄板出池起吊的混凝土强度，如设计无要求时，均不能低于 75% ②薄板吊运，可采用八点（或六点）吊挂的平衡专用吊具同步吊运，其他要求和双钢筋混凝土薄板相同

冷轧扭钢筋搭接长度 （单位 mm） **表 5-9**

项　　目	钢筋搭接长度 L_1		
	ϕ6.5	ϕ8	ϕ10
钢筋在板的受拉区	≥250	≥300	≥350
钢筋再版的受压区	≥200		

2. 安装

冷轧扭钢筋混凝土薄板模板安装见表 5-10。

冷轧扭钢筋混凝土薄板模板安装 **表 5-10**

项目	安　装　要　求
安装准备工作	①薄板进场后，要核查其型号及规格、几何尺寸，具体要求与双钢筋混凝土薄板模板相同。 ②将板四边的水泥飞刺去除，板端及板侧伸出的钢筋向上弯成 90°（弯曲直径必须大于 20mm），板表面的灰尘、浮渣清除干净
安装工艺流程	与预应力混凝土薄板模板的安装工艺流程相同
安装工艺要点	①硬架支承要求，与预应力混凝土薄板模板相同。 ②硬架支撑支柱高度大于 3m 时，支柱之间必须加设纵、横向水平拉杆系统。硬架支柱高度在 3m 以下时，与预应力混凝土薄板模板相同。 ③吊装薄板时，应挂钩薄板上预留的吊环，采用八点（或六点）平衡吊挂的单块吊装方法吊装。 ④薄板就位调整方法和预应力混凝土薄板相同。 ⑤薄板调整好后，将板端与板侧面伸出的冷轧扭钢筋调整到设计要求的角度，伸入到相邻板的混凝土叠合层内。伸出钢筋不得摵死弯，其弯曲直径不应大于 20mm。不得将伸出钢筋往回弯入板的自身混凝土叠合层内。薄板从出厂至就位的过程，伸出钢筋的重复弯曲次数不得超过两次

六、现浇结构木模板的施工

（一）基 础 木 模 板

1. 独立式基础模板

独立式基础模板的分类和简介。

（1）阶形基础模板简介（图 6-1）

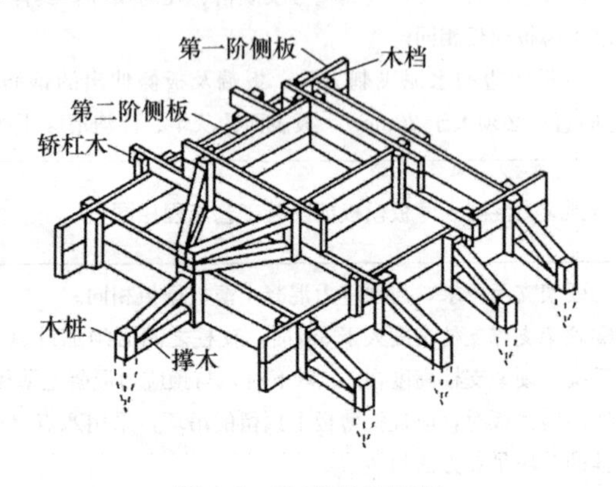

图 6-1 阶形基础模板

阶形基础模板的每一台阶模板均由四块侧板拼钉而成，其中两块侧板的尺寸与相应的台阶侧面尺寸相等；另两块侧板长度应比相应的台阶侧面长度150～200mm，高度相同。四块侧板用木档拼成方框。上台阶模板的其中两块侧板的最下一块拼板要加长（轿杠木），便于搁置在下台阶模板上，下台阶模板的四周要设斜撑和平撑。斜撑和平撑一端钉在侧板的木档（排骨档）上，另一端钉在木桩上。上台阶模板的四周也要用斜撑与平撑支撑，斜撑与平撑的一端钉在上台阶侧板的木档上，另一端可钉在下台阶侧板的木档顶上。

模板安装时，首先在侧板内侧画出中线，在基坑底弹出基础中线。把各台阶侧板拼成方框。然后把下台阶模板放在基坑底，两者中线互相对齐，并用水平尺校正其标高，在模板周围顶上木桩。上台阶模板放在下台阶模板上的安装方法同上。

（2）杯形基础模板简介（图 6-2）

杯形基础模板的构造和阶形基础模板相似，只是在杯口位置要装设芯模。杯芯模两侧钉上轿杠木，方便搁置在上台阶模板上。如果下台阶顶面带有坡度，应在上台阶模板的两侧钉上轿杠木，轿杠木端头下方加钉托木，方便搁在下台阶模板上。近旁有基坑壁时，可贴基坑壁设垫木，用斜撑与平撑支撑侧板木档。

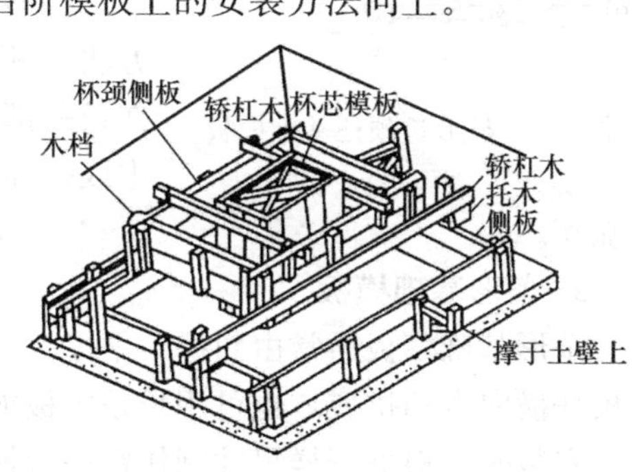

图 6-2　杯形基础模板

杯芯模有整体式与装配式两种整体式杯芯模是用木板和木档根据杯口尺寸钉成一个整体，为方便脱模，可在芯模的上口设吊环，或在底部的对角十字档穿设 8 号铅丝，以便于芯模脱模。装配式杯芯模由四个角模构成，每侧设抽芯板，拆模时先抽去抽芯板，即可脱模。

（3）锥形柱基础模板简介（图 6-3）

锥形柱基础模板采用矩形和梯形模板拼合而成，为了防止浇灌混凝土时将斜面模板抬起，可用铅丝拉系在钢筋上。如锥面不高，斜度不大时，可不用

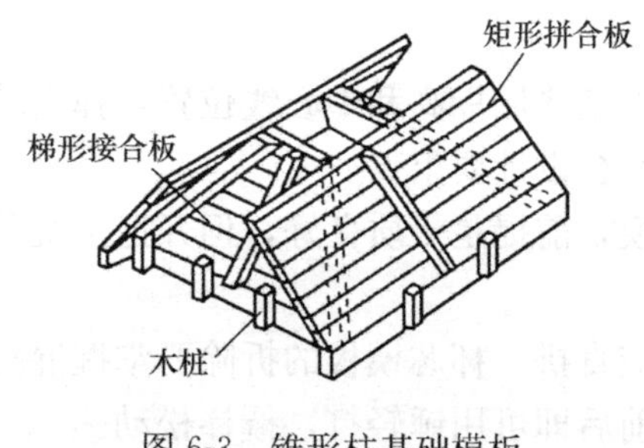

图 6-3　锥形柱基础模板

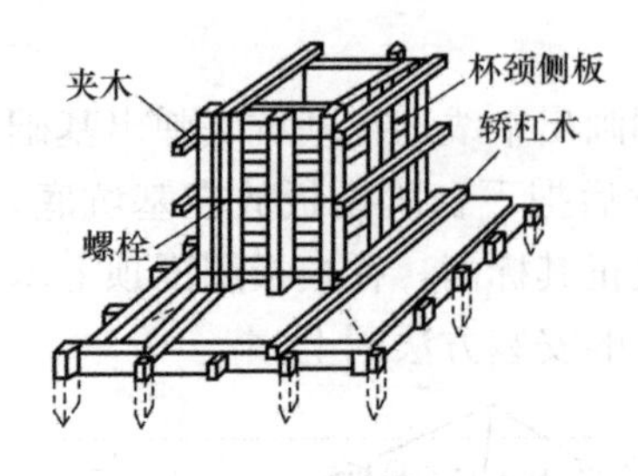

图 6-4　杯形长颈柱基础模板

梯形模板，用铁板拍出设计斜坡即可。

（4）杯形长颈柱基础模板（图 6-4）

杯形长颈柱基础模板的支模方法与杯形基础模板相同，但是在长颈部分的模板上，则应用夹木或螺栓箍紧，避免浇灌混凝土时涨模。

2. 条形基础模板

条形基础模板通常由斜撑、平撑、侧板组成。侧板可用短条木板加横向木档拼成，也可用长条木板加钉竖向木档拼制。

安装时，根据图样尺寸制作每一阶梯模板，支模顺序由下至上逐层向上安装。

第一：先把下台阶模板放在基坑底，把中线相互对准。

第二：用水平尺校正，在模板周围钉上木桩，在侧板与木桩之间用平撑和斜撑进行支撑，然后把钢筋放入模板内。

第三：把上台阶模板放在下台阶模板上，两者中线互相对准，再次核对墨线各部位尺寸，并把拉杆加以钉紧、撑牢以及斜撑、水平支撑，使上下阶基础模板组合成一个整体。

第四：最后检查拉杆是否稳固，校核基础模板几何尺寸及轴线位置。

3. 施工要点

（1）安装模板前先复查地基垫层标高和中心线位置，弹出基础边线。基础模板面标高应符合设计要求。

（2）基础下段模板用土模，前提是土质良好，但开挖基坑及基槽尺寸必须准确。

（3）杯心模板要刨光，应直拼。杯芯模板的拆除要掌握混凝土的凝固情况，通常在初凝前后即可用锤轻打，撬棒松动。

（4）浇捣混凝土时要注意避免杯芯模板向上浮升或四面偏

移，模板四周混凝土应均衡浇捣。

（5）脚手板不能放置在基础模板上。

（二）柱子木模板

1. 柱子木模板安装程序

柱模板安装分现场拼装就位和场外预拼装现场安装就位两种。具体安装程序如下：

（1）现场拼装就位程序

安装最下一圈模板（留清理孔）→逐圈安装向上直至柱顶（留浇筑孔）→校正垂直度→安装柱箍→装水平和斜向支撑。

（2）场外预拼装现场安装就位程序

场外将柱模板分四片预拼装→运至现场→立四边拼板并连接成整体→校正垂直度→安装柱箍

2. 柱子木模板安装简介

（1）矩形柱木模板（图 6-5～图 6-8）

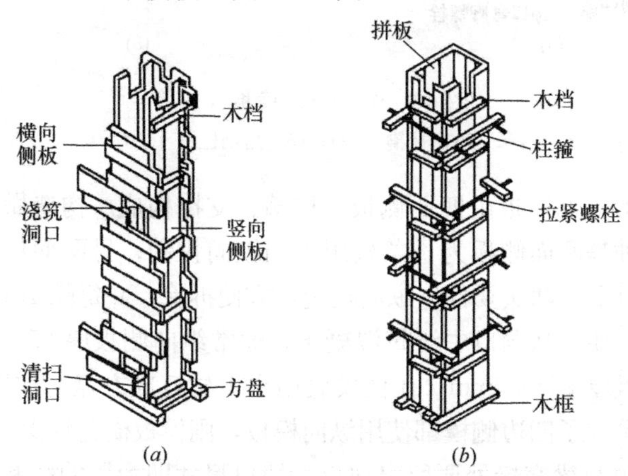

图 6-5　矩形柱木模板（一）

(*a*) 两面竖向两面横向侧板；(*b*) 四面竖向侧板

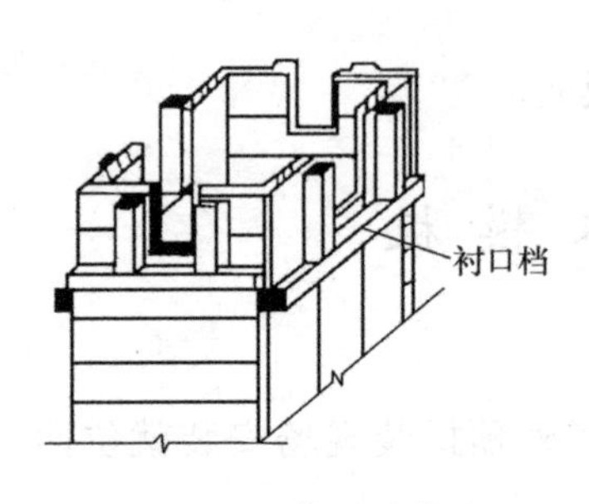

图 6-6　柱模顶处构造

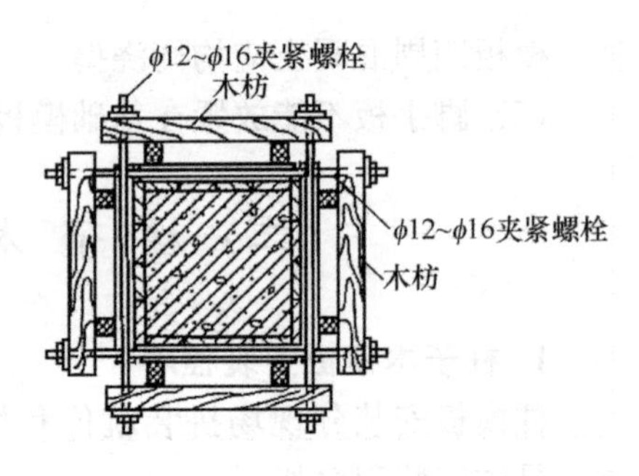

图 6-7　矩形柱木模板（二）

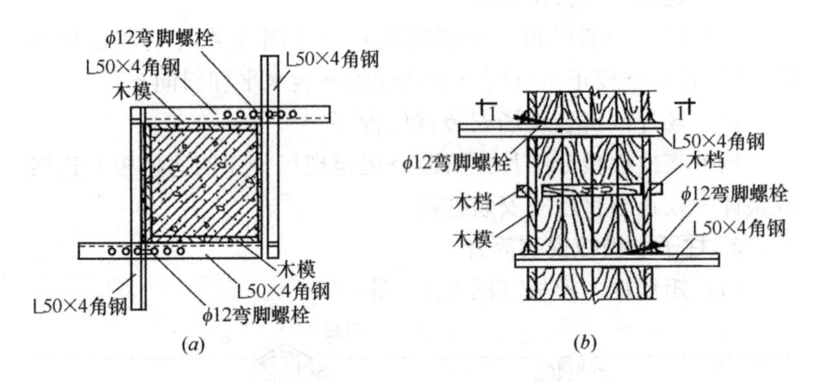

图 6-8　矩形柱木模板（三）
(a) 角钢柱箍（一）；(b) 角钢柱箍（二）

矩形柱木模板由四面侧板、柱箍、支撑构成。构造做法有两种。一种是两面侧板为长条板用木档纵向拼制；另两面用短板横向逐块钉上，两头要伸出纵向板边，方便拆除，并每隔 1m 左右留出洞口，便于从洞口中浇筑混凝土。通常纵向侧板厚 25～50mm，横向侧板厚 25～30mm。在柱模底用小木枋钉成方盘，加以固定。另一种是柱子四边侧模都使用纵向模板，则模板横缝较少。

柱顶与梁交接处要留出缺口，缺口尺寸即为梁的高和宽（梁高以扣除平板厚度计算），并在缺口两侧和口底钉上衬口档，衬口档离缺口边的距离即为梁侧板和底板的厚度。

为了避免在混凝土浇筑时模板产生膨胀变形，模外应安装柱箍，可采用木箍、钢木箍和钢箍等几种。

柱箍间距应根据柱模断面大小经计算确定，通常不超过100mm，柱模下部间距应小些，往上可逐渐加大间距。设置柱箍时，横向侧板外面要设竖向木档。

安装柱模板时，应先在基础面（或楼面）上弹柱轴线和边线，同一柱列应先弹两端柱轴线及边线，然后拉通线弹出中间部分柱的轴线与边线。按照边线先把底部方盘固定好，然后再对准边线安装柱模板，为了保证柱模的稳定，柱模之间要通过水平撑、剪刀撑等互相拉结固定（图 6-9）。

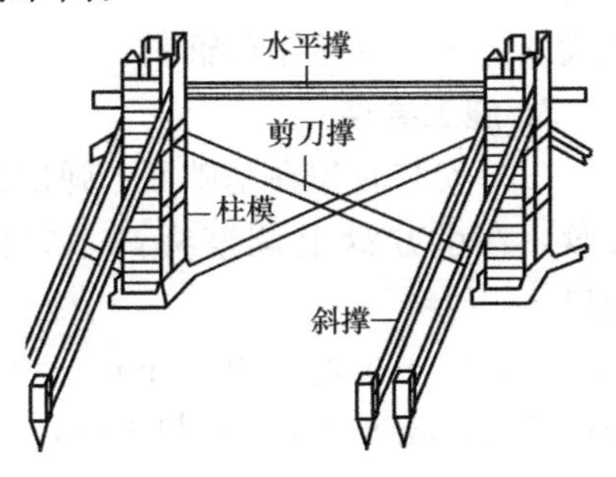

图 6-9　柱模的固定

（2）圆形柱木模板（图 6-10）

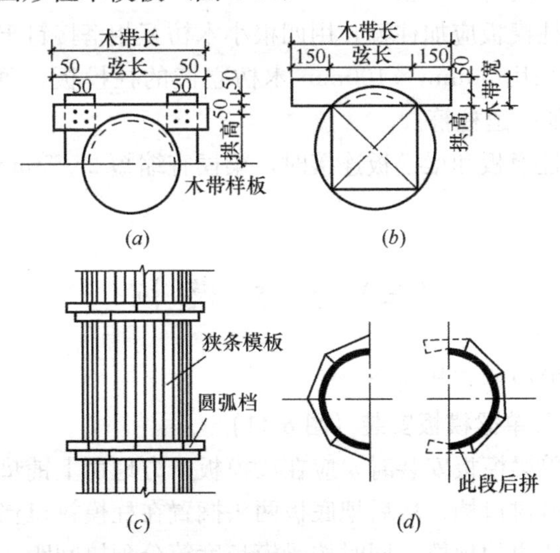

图 6-10　圆形柱木模板

(*a*) 示意图一；(*b*) 示意图二；(*c*) 立面图；(*d*) 平面图

圆形柱木模板用竖直狭条（20～25mm 厚，30～50mm 宽）模板与圆弧档（又称木带，厚 30～50mm）做成两个半片组成，直径较大的可做成三片以上，为防止混凝土浇筑时侧压力使模板爆裂，木带净宽需不小于 50mm 或在模外每隔 500～1000mm 加两股以上 8～10 号铅丝箍紧。

3. 施工要点

（1）安装时先在基础面上弹出四周边线及纵横轴线，固定小方盘，在小方盘上调整标高，立柱头板。小方盘一侧要留清扫口。

（2）门子板通常用 25mm×30mm 的短料或定型模板。柱头板可用 25mm×50mm 长料木板，短料在装钉时，要交错伸出柱头板，方便拆模及操作人员上下。由地面起每隔 1～2m 留一道施工口，便于浇筑混凝土及放入振捣器。

（3）对于通排柱模板，需先装两端柱模板，校正固定，拉通长线校正中间各柱模板。

（4）柱模板应加柱箍，用四根小木枋互相搭接钉牢或用工具式柱箍。采用 50mm×100mm 木枋立棱的柱模板，每隔 500～1000mm 加一道柱箍。

（5）柱模板和梁模板连接时，梁模宜缩短 2～3mm，并锯成小斜面。

（三）梁 木 模 板

梁木模板的安装简介

1. 矩形单梁模板安装（图 6-11）

矩形单梁模板安装时，应在梁模板下方地面上铺垫板，在柱模缺口出钉衬口档，然后把底板两头搁置在柱模衬口档上，再立靠柱模或墙边的顶撑，同时按梁模长度等分顶撑间距，立中间部分的顶撑。顶撑底应打入木楔。安放侧板时，两头要钉牢在衬口档上，同时在侧板底外侧铺上夹木，用夹木将侧板夹紧并钉牢在顶撑木上，随即把斜撑钉牢。

次梁模板的安装，要待主梁模板安装且校正后才能进行。其底板和侧板两头是钉在主梁模板缺口处的衬口档上。次梁模板的两侧版外侧要根据搁栅底标高钉上托木。

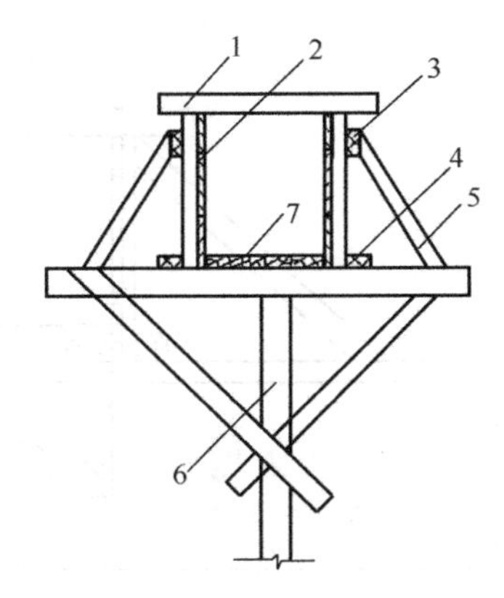

图 6-11　矩形单梁模板

1—搭头木；2—侧板；3—托木；4—夹木；5—斜撑；6—木顶撑；7—底板

梁模板安装后，要拉中线进行检查，核对各梁模中心位置是否对正。待平板模板安装后，检查并调整标高，然后将木楔钉牢在垫板上。各顶撑之间要设水平撑或剪刀撑，以保持顶撑的稳固。

当梁的跨度在 4m 及 4m 以上时，在梁模板的跨中要起拱，起拱高度为梁跨度的 0.2%～0.3%。

当楼板实用预制圆孔板、梁为现浇花篮梁时，应先安装梁模板，在吊装圆孔板，圆孔板的重量暂时由梁模板来承担，可以加强预制板和现浇梁的连接。安装时，先按前述方法将梁底板及侧板安装好，然后在侧板的外边立支撑（在支撑底部同样要垫上木楔与垫板），再在支撑上钉通长的搁栅，搁栅要和梁侧板上口靠紧，在支撑之间用水平撑和剪刀撑互相连接。

2. 圈梁模板安装（图 6-12）

圈梁模板的安装是由横担、侧板、夹木、斜撑和搭头木等组成。

（1）在梁底一排砖处的预留洞中穿入截面尺寸为 50mm×100mm 的木横，两端露出墙体的长度一致，找平后用木楔将其与墙体固定。

（2）立侧板。侧板底面但在横担上，内侧面紧贴墙壁，调直后用夹木和斜撑将其固定。斜撑上端钉在侧板的木挡上，下端钉

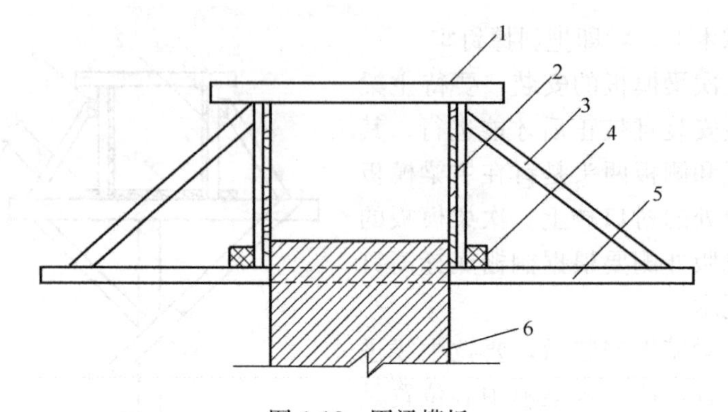

图 6-12 圈梁模板

1—搭头木；2—侧板；3—斜撑；4—夹木；5—横担；6—砖墙

在横担上。

（3）支模时应遵守“边模包底模”的原则，梁模与柱模连接处下料尺寸一般略小。

（4）每隔 1000mm 左右在圈梁上便面高度控制线。

（5）梁侧模必须有压脚板和斜撑，拉线通直后将梁侧钉固。梁底模板按规定起拱。

（6）在侧板内侧面弹出圈梁上表面高度控制线。

（7）混凝土浇筑前，应将模内墙弄干净，并浇水湿润。

（8）在圈梁的交接处做好模板的搭接。

（四）楼梯木模板

现浇钢筋混凝土楼梯分为有梁式、螺旋式及板式几种结构形式。其中梁式与板式楼梯的支模方法基本相同。

楼梯模板安装程序如下；安装平台梁、平台板模板和基础梁模板→安装楼梯斜梁或楼梯底板模板→支撑→安装楼梯外帮侧板→安装反三角板→安装踏步侧板。

双跑板式楼梯包括楼梯段（踏步和梯板）、平台梁、梯基梁和平台板等，如图 6-13 所示。

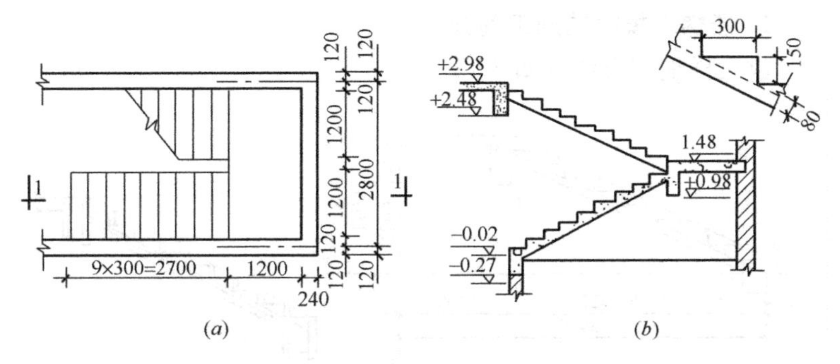

图 6-13 楼梯

(*a*) 楼梯平面图；(*b*) 楼梯 1—1 剖面图

平台梁和平台板模板的构造与肋形楼盖模板基本相似。楼梯段模板由底模、搁栅、牵杠、牵杠撑、外帮板、踏步侧板、反三角木等组成，如图 6-14 所示。

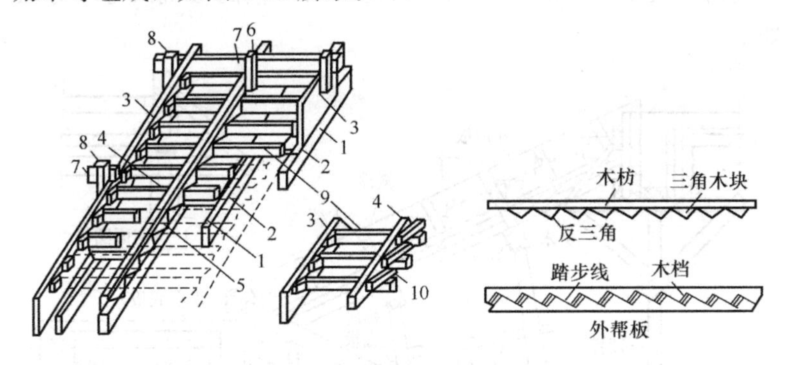

图 6-14 楼梯模板构造

1—楞木；2—底模；3—外帮板；4—反三角木；5—三角板；6—吊木；7—横楞；8—立木；9—踏步侧板；10—顶木

梯段侧板的宽度至少需等于踏步高和梯段板厚，板的厚度为 30mm，长度按梯段长度确定。由若干三角木块钉在木枋上叫做反三角木，三角木块两直角边长分别等于踏步的高于宽，板的厚度为 50mm，木枋断面为 50mm×100mm。每一梯段最少要配一块反三角木，楼梯较宽时可多配。反三角木用立木支吊及横楞。

1. 楼梯木模板的施工简介

放大样配制方法（图 6-15）

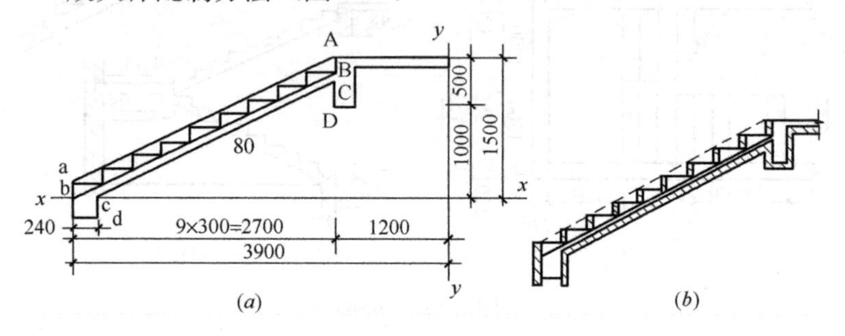

图 6-15 楼梯放样

(a) 样图；(b) 模板图

楼梯模板有的部分可根据楼梯详图配制（图 6-16），有的部分则需要放出楼梯的大样图，以便量出模板的准确尺寸。方法如下：

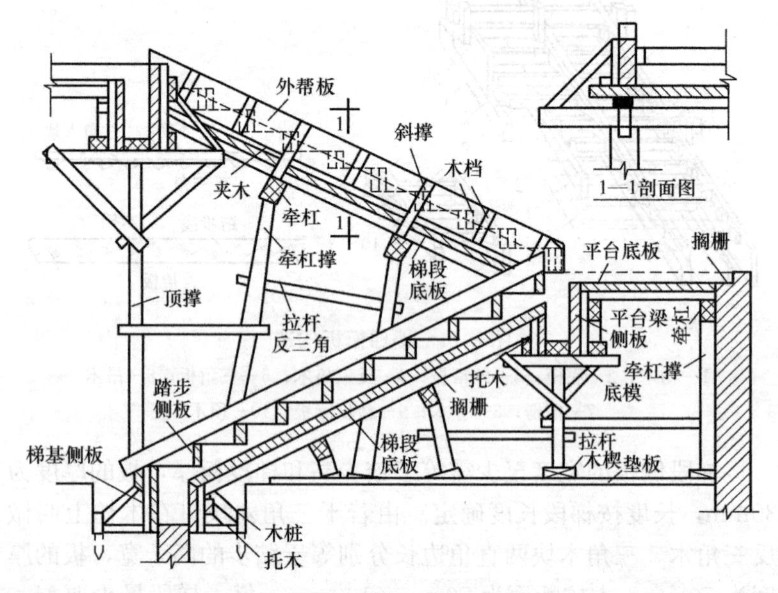

图 6-16 楼梯模板

（1）在平整的水泥地面上，用 1∶1 或 1∶2 的比例放大样，弹出水平基线 x-x 及其垂线。

（2）根据已知尺寸和标高，画出梯基梁、平台梁及平台板。

（3）定出踏步首末两级的角部位置 A、a 两点，与根部位置 B、b 两点，两点之间连线画出 Bb 线的平行线，其间距等于楼梯厚，与梁边相交得 C、c。

（4）在 Aa 和 Bb 两线之间，通过水平等分或垂直等分画出踏步。

（5）按模板厚度在梁板底部和侧部画出模板图。

按支撑系统的规格画出模板支撑系统和反三角等模板安装图。

第二梯段放样方法和第一梯段基本相同。

2. 楼梯模板的安装简介

以先砌墙体后浇楼梯为例。

先立平台梁、平台板的模板和梯基的侧板。在平台梁与梯基侧板上钉托木，将搁栅支于托木上，搁栅的间距为 400mm×500mm，断面为 50mm×100mm，搁栅下立牵杠与牵杠撑，牵杠断面为 50mm×150mm，牵杠撑间距为 1～1.2m，其下垫通长垫板。牵杠应和搁栅相垂直。牵杠撑之间应用拉杆相互拉结。再在搁栅上铺梯段底板，底板厚为 25～30mm，底板纵向应同搁栅相垂直。在底板上画梯段宽度线，依线立外帮板，外帮板可用夹木或斜撑固定。在靠墙的一面立反三角木，反三角木的两端和平台梁、梯基的侧板钉牢。然后在反三角木和外帮板之间逐块钉踏步侧板，踏步侧板一头钉在外帮板的木档上，另一头钉在反三角木的侧面上。如果梯形较宽，应在梯段中间再增加反三角木。

如果是先浇楼梯后砌墙体，则梯段两侧均需设外帮板，梯段中间加设反三角木，其余安装步骤与先砌墙体做法相同。

要注意梯步高度应均匀一致，最下一步和最上一步的高度，必须考虑到楼地面最后的装修厚度，避免由于装修厚度不同而形成梯步高度的不协调。

施工要点：

（1）楼梯模板施工前应根据实际层高放样，先安装平台梁和基础模板，再装修楼梯斜梁或楼梯底模板，然后安装楼梯外帮侧板，外帮侧板需先在其内侧弹出楼梯底板厚度线，用套板画出踏步侧板位置线，钉好固定踏步侧板的档木，在现场装钉侧板。

（2）如果楼梯较宽，沿踏步中间的上面加一道或两道反扶梯基（图 6-17），反扶梯基上端与平台梁外侧板固定，下端与基础外侧板固定撑牢。

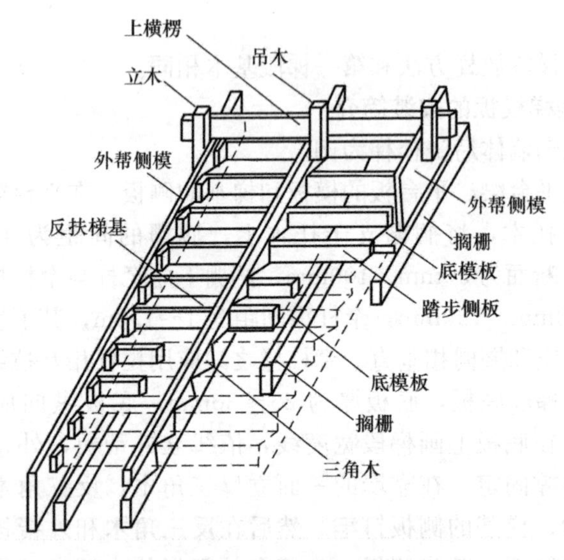

图 6-17　反扶梯基

（3）如果先砌墙后安装楼梯板，则靠墙一边应设置一道反扶梯基便于吊装踏步侧板。

（4）梯步高度要均匀一致，特别要注意最下一步与最上一步的高度，必须考虑到楼地面层抹灰厚度，避免由于抹灰层厚度不同而形成梯步高度不协调。

（五）楼 板 木 模 板

1. 采用立柱作为支架时，立柱和钢楞（龙骨）的间距根据模板设计计算决定，一般情况下立柱与外钢筋楞间距为600～1200mm，内钢筋楞（小龙骨）间距为400～600mm。调平后即可铺设模板。

在模板铺设完并校正标高后，立柱之间应加设水平拉杆，其数量根据立柱高度决定。一般情况下离地面200～300mm处设一道，向上从横方向每隔1.6m左右设一道。

（1）采用桁架作为支承结构时，一般应预先支好梁、墙模板，然后将桁架按模板设计要求支架设在梁侧模通长的型钢或方木上，调平固定后再铺设模板。

（2）楼梯模板当采用单块就位组拼时，宜以每个节间从四周先用阴角模板与墙、梁模板连接，然后向中央铺设。相邻模板边助应按设计要求用U形卡连接，也可以钩头螺栓与钢楞连接，或采用U形卡预拼大块在吊装铺设。

（3）采用钢管脚手架作为支撑时，在支柱高度方向每隔1.2～1.3mm设一道双向水平拉杆。

2. 楼梯模板。在楼梯模板正式安装前，应根据施工图及实际层高进行放样，首先安装休息平台梁模板，再安装楼梯模板斜楞，然后铺设楼梯的底模，安装外帮侧模板与踏步模板。安装模板时要特别注意斜向支柱固定牢固，防止浇灌混凝土时模板移动。

3. 施工要点：

（1）楼板模板铺板时只要在两端和接头处钉牢，中间尽量少钉以便拆模。

（2）应根据荷载确定桁架间距使用桁架支模，小木枋上要放桁架上弦，用铁丝绑紧，两端支撑处要放置木楔，在调整标高后钉牢，桁架之间设拉结条，保持桁架垂直。

（3）挑檐模板必须撑牢拉紧，以免外倒倾覆，确保安全。

（六）墙体木模板

墙模板安装程序：弹线→抹水泥砂浆找平→安装门窗洞口模板→安装一侧模板→清理墙内杂物→安装另一侧模板→调整固定→预检。

墙模板安装分为场外预拼现场整片安装与现场散拼两种。墙模板安装程序和要求基本上与柱模板安装相同，只是不用柱箍，而用立档、横牵杠及对拉螺柱加固。也有先安装一侧模板，待墙钢筋绑扎后，在安装另一侧模板的做法。

（七）楼面木模板

平板模板通常用20～25mm厚的木板拼成，或采用定型木模块铺设在搁栅上。搁栅两头搁置在托木上，搁栅通常断面50mm×100mm的方木，间距为400～500mm。当搁栅跨度较大时，应在搁栅中间立支撑，同时铺设通常的龙骨，以减小搁栅的平板模板用料。

（1）根据模板的排列图架设支柱与龙骨。支柱与龙骨的间距，应根据楼板混凝土重量与施工荷载的大小，在模板设计中确定。通常支柱为800～1200mm，大龙骨间距为600～1200mm，小龙骨间距为400～600mm。支柱排列要考虑设置施工通道。

（2）底层地面应夯实，并铺垫脚板。使用多层支架支模时，支柱应垂直，上下层支柱应在同一竖向中心线上。各层支柱间的水平拉杆与剪刀撑腰认真加强。

（3）铺模板是可从四周铺起，在中间收口。楼板模板压在梁侧模时，角部位模板应通线钉固。

（4）通现调节支柱的高度，架设小龙骨找平大龙骨。

（5）避免出现板中部下挠、板底混凝土面不平现象。

（6）楼面模板铺完后，需认真检查支架是否牢固，模板梁面、版面应清扫干净。

（7）楼板模板厚度要一致，搁栅木料要有足够的强度及刚度，搁栅面要平整。

（8）模板需按规定起拱。

（八）阳台木模板（图 6-18）

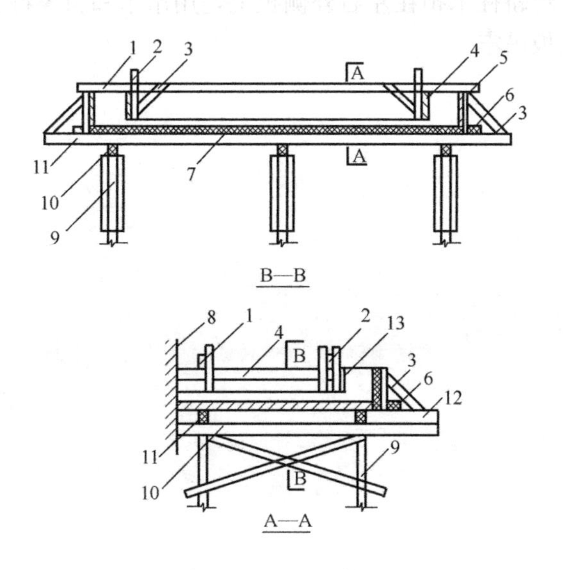

图 6-18　阳台木模板

1—轿杠；2—吊木；3—斜撑；4—内侧板；5—外侧板；6—夹木；7—底板；8—墙；9—牵杠撑；10—牵杠；11—搁栅；12—垫木；13—内侧板

阳台通常是悬臂梁板结构，它由挑梁和平板组成。阳台模板由牵杠、搁栅、斜撑、吊木、牵杠撑、底板侧板、轿杠等部分组成。

（1）在垂直于外墙的方向安装牵杠，以牵杠撑支顶，并用剪刀撑与水平撑牵搭支稳。

（2）在牵杠上沿外墙方向布置固定搁栅，以木楔调节牵杠高度，使搁栅上表面处于同一水平内。垂直于搁栅铺阳台模板底板，板缝挤严用圆钉紧固在搁栅上。装钉阳台左右外侧板，使外侧板紧夹底板，以夹木斜撑固定在搁栅上。

（3）在牵杠外端加钉与搁栅断面一样的垫木，在垫木上用夹木和斜撑将阳台外沿外侧板固定。

（4）以吊木将阳台外沿内侧模板吊钉在轿杠上，并用钉将其和挑梁左右内侧板固定。

（5）将轿杠木担在左右外侧板上，用吊木和斜撑将左右挑梁模板内侧板吊牢。

七、大 模 板

大型模板或大块模板简称大模板。它的单块模板面积较大，通常是以一面现浇混凝土墙体为一块模板。

（一）大 模 板 种 类

在建筑工程中所用的大模板很多，按照结构形式的不同，常见的有桁架式大模板、组合式大模板、拼装式大模板、外墙式大模板和筒形大模板等。

1. 桁架式大模板

桁架式大模板是我国最早采用的工业化模板，在建筑工程中已取得成功的经验及良好的效益。这种大模板主要由板面、支撑桁架及操作平台组成；板面由面板、横向肋和竖向肋组成。在桁架的上方铺设脚手板当作操作平台，下方设置可调节模板高度和垂直度的地脚螺栓。

桁架式大模板的通用性较差，主要应用于标准化设计的剪力墙施工。在进行墙体施工时，纵横墙需要分两次浇筑混凝土，同时还需要格外配角模板解决接缝问题，其两次支模的形式如图 7-1 所示。

2. 组合式大模板

组合式大模板是建筑工程中使用最广泛的一种模板形式。这种模板通过固定在大模板上的角模板，把纵横墙体的模板组装在一起，便于同时浇筑纵横墙的混凝土，并可以利用条形模板调整大模板的尺寸，来适应不同开间、进深尺寸的变化。

板面结构有面板、横肋、竖肋及竖向（或横向）龙骨组成，其构造如图 7-2、图 7-3 所示。

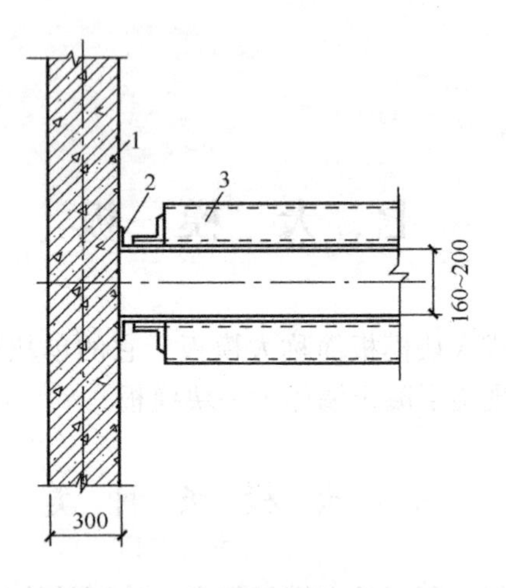

图 7-1　纵横墙体分两次支模示意

1—已完成横墙；2—补缝的角模板；3—纵向墙的模板

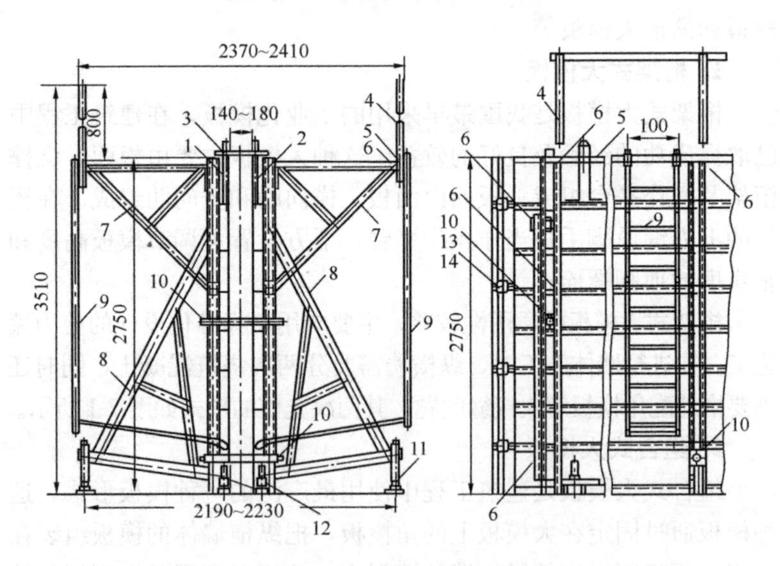

图 7-2　组合式大模板构造示意

1—反向模板；2—正向模板；3—上口卡板；4—活动护身栏杆；5—爬梯横担；6—螺栓连接；7—操作平台斜撑；8—支撑架；9—爬梯；10—穿墙螺栓；11—地脚螺栓；12—地脚；13—反向活动角膜；14—正向活动角膜

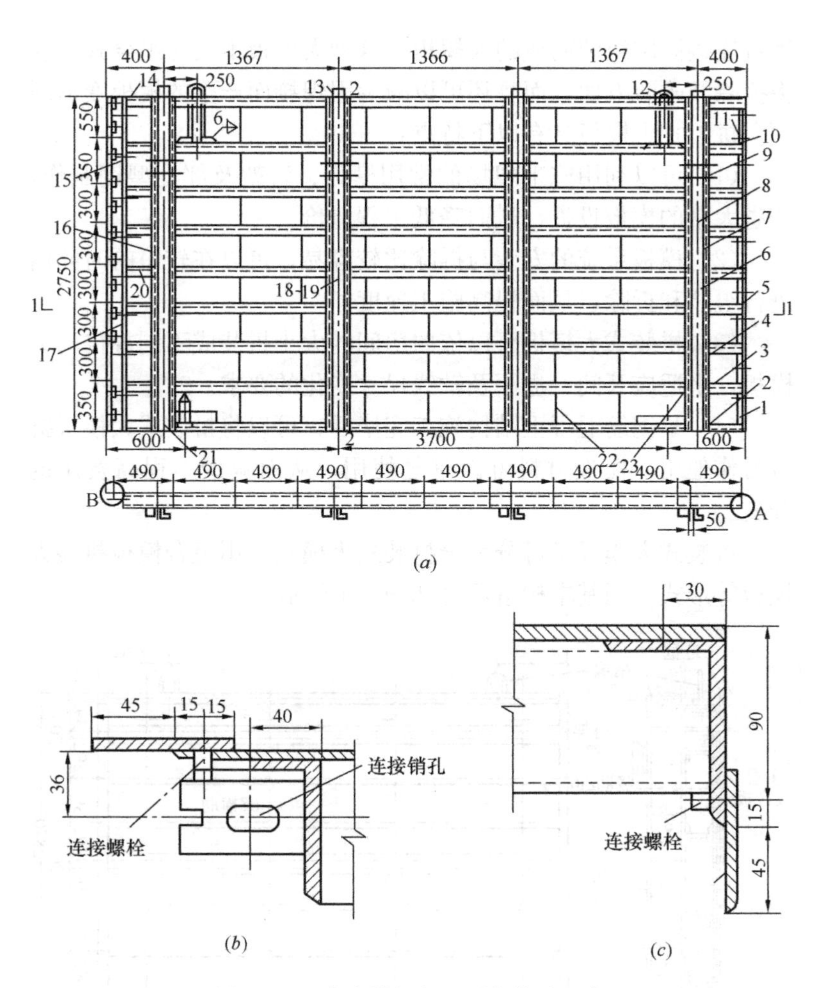

图 7-3　组合大模板板面系统构造示意

(*a*) 1—1 示意；(*b*) Ⓑ示意；(*c*) Ⓐ示意

1—面板；2—底部横龙骨；3、4、5—横龙骨；6、7—竖龙骨；8、9、22、23—小肋（扁钢竖肋）；10、17—拼缝扁钢；11、15—角龙骨；12—吊环；13—上卡板；14—顶部横龙骨；16—撑板钢筋；18—螺母；19—垫圈；20—沉头螺钉；21—地脚螺栓

3. 拼装式大模板

拼装式大模板是将面板、骨架、支撑系统等全部使用螺栓或

销钉连接固定组装而成的大模板。这种大模板不仅比组合式大模板拆除及改装方便，而且还可以减少因焊接而产生的模板变形问题。拼装式大模板具有以下特点：

（1）可以利用施工现场的常用模板、管架及部分型钢制作，节省大量的模板投资，从而降低工程造价。

（2）模板系统的安装与拆除比较容易，可以在较短的时间内进行组装和拆除，从而提高施工速度。

（3）拼装式大模板可以依照房间的大小拼装成不同规格的大模板，来适应开间、进深及轴线尺寸变化的要求。

（4）某钢筋混凝土结构施工完毕后，可以将拼装式大模板拆散另作他用，模板材料可以重复使用，从而减少工程高费用的开支。

拼装式大模板又可分为全拼装式大模板、用组合模板拼装大模板等形式。用基本构造示意如图 7-4 所示。

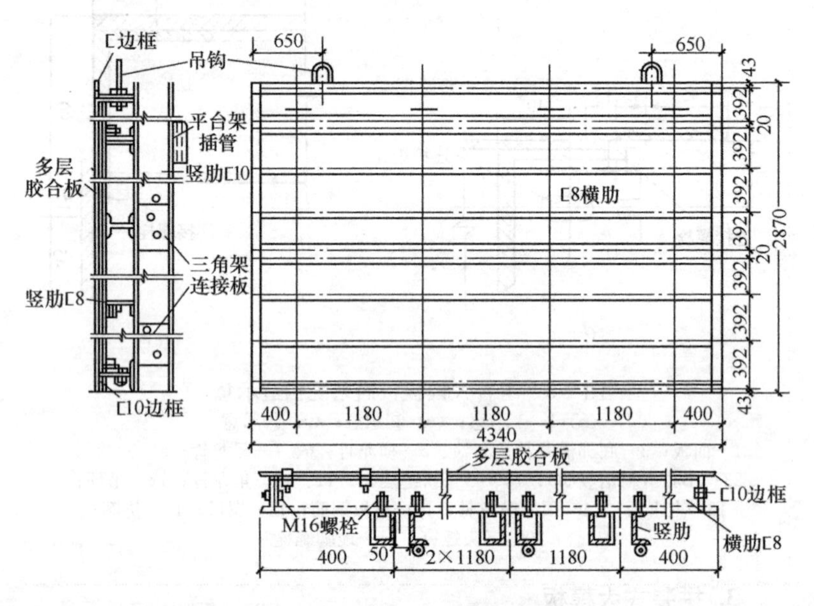

图 7-4　拼装式大模板构造示意

4. 外墙式大模板

外墙式大模板的构造和组合式大模板基本相同。由于外墙面对垂直度与平整度的要求比内墙面更高，尤其是清水混凝土装饰混凝土外墙面，对外墙面的施工所用大模板的设计、制作也有着特定要求。

工程实践证明，对于外墙式大模板的设计与制作，主要应特别注意解决以下问题。

(1) 要认真解决外墙墙面垂直度、平整度、角部垂直方正及楼层层面的平整过渡，使这些方面均要符合设计要求。

(2) 要很好地解决门窗洞口模板和外墙式大模板的固定连接问题，使两者连接牢固、位置准确，并解决好门窗洞口的方正。

(3) 如果外墙设计为装饰混凝土，要认真解决模板设计如何达到装饰的要求，而且还要解决好混凝土如何脱模的问题。

(4) 外墙大模板面积较大，运输、吊装及安装均有一定难度，应当重点解决好外墙大模板如何进行安装的问题。

外墙式大模板常和门窗洞口模板连接在一起，因此，处于门窗洞口处的外墙式大模板，不仅要克服设置门窗洞口模板后大模板刚度受到削弱的问题，还要解决模板安装、拆除和混凝土浇筑问题，使浇筑的门窗洞口位置正确、形状方正、不发生变形、不出现位移，完全符合设计要求。带门窗洞口外墙式大模板的构造如图 7-5 所示。

5. 筒形大模板（图 7-6）

筒形大模板是将一个房间或电梯井的两道、三道或四道现浇墙体的大模板，通过固定架及铰链、脱模器等连接件，形成一组大模板群体。筒形大模板依据其结构不同，可分为模架式筒形大模板、组合式铰接筒形大模板和电梯井筒形大模板。

筒形大模板的主要优点为：可以将一个房间的模板整体吊装就位及拆除，从而大大减少了塔式起重机吊装次数，节省大量的施工时间，不仅可以加快施工速度，而且模板的稳定性能好，通常不会出现倾覆；其主要缺点是自重较大，造价较高，堆放时占

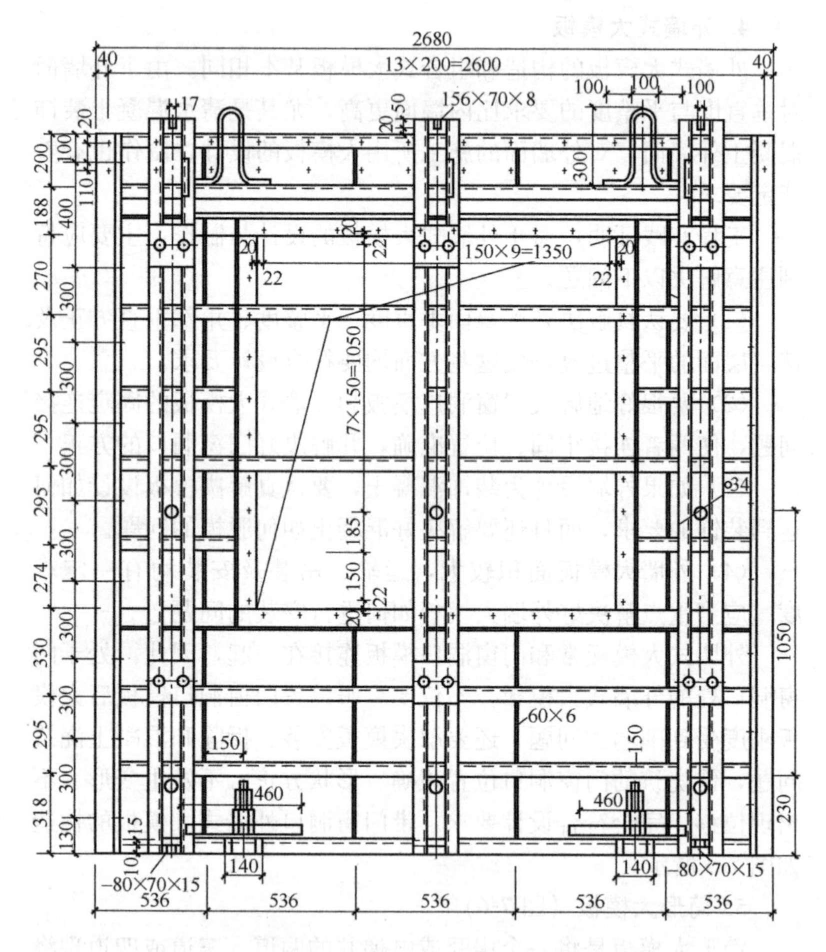

图 7-5　带门窗洞口外墙式大模板的构造示意

用放大的施工场地，拆模时需要落地，不易在楼层上周转使用。

筒形大模板的角部需用角形模板连接，为保证墙体的浇筑质量，在设计和安装角形模板时，要做到定位和尺寸准确，安装牢固，拆除方便，这样才能确保混凝土墙体的成形及表面质量。

最初在建筑工程中使用较多的是模架式筒形模板，它是采用

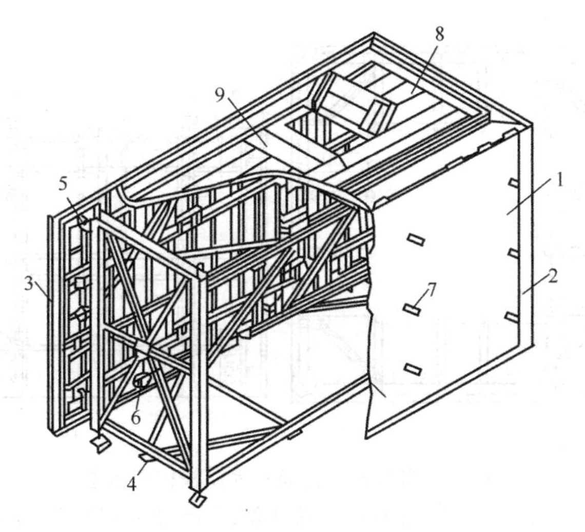

图 7-6　模架式筒形大模板构造示意

1—模板；2—内角模板；3—外角模板；4—钢架；5—挂轴；
6—支杆；7—穿墙螺栓；8—操作平台；9—出入孔

一个钢架将固定四周的模板联成一个整体，在墙体部位用小角模板进行活动连接，从而形成一个筒形单元体，其构造如图 7-6 所示。由于这种筒形大模板不易发生变形，能保证墙体的浇筑质量，所以在一些工程中仍然采用。但是，由于这种筒形大模板用材较多、自重较大、通用性差，目前已被其他形式的筒形大模板所替代。

经过多年的工程实践，在建筑工程中发明了组合式铰接筒形大模板、滑板平台骨架筒形模板、组合式提升筒形大模板以及电梯井自动提升筒形模板等。

（1）组合式铰接筒形大模板。组合式铰接筒形大模板，是用铰接式的角模板作为连接，各面墙体用钢框胶合板作为大模板。所以，组合式铰接筒形大模板是由组合式模板组合成大模板、铰接式角模板、脱模器、横龙骨、竖龙骨、悬吊梁及紧固件等组成。组合式铰接筒形大模板构造如图 7-7 所示。

（2）滑板平台骨架筒形大模板。滑板平台骨架筒形大模板，

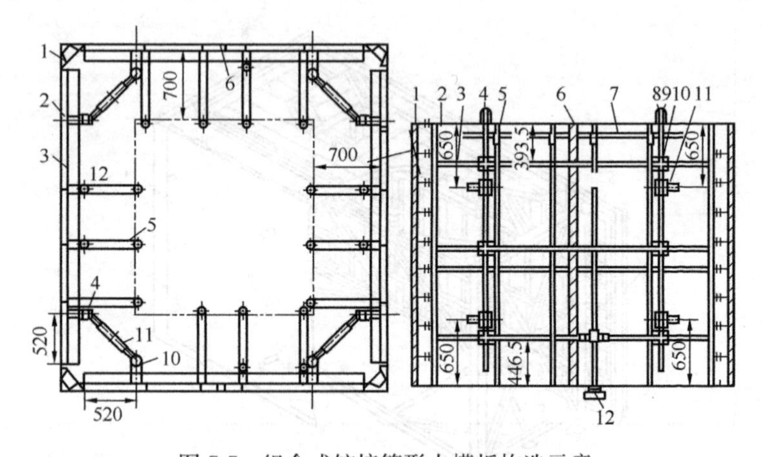

图 7-7　组合式铰接筒形大模板构造示意

1—铰接角模板；2—组合式模板；3—横向龙骨；4—竖向龙骨；5—轻型悬吊撑架；6—拼条；7—操作平台脚手架；8—方钢钢管卡；9—吊钩；10—固定支架；11—脱模器；12—地脚螺栓支脚

是用装有连接定位滑板的型钢骨架，将井筒四周的大模板拼成一个单元筒体，通过定位滑板上的斜向孔与大模板上的销钉产生相对滑动，从而完成筒形大模板的安装及拆除工作。

滑板平台骨架筒形大模板，主要由滑板平台骨架、大模板、角模板及模板支承平台等组成。滑板平台骨架筒形大模板的构造如图 7-8 所示。

（3）组合式提升筒形大模板。组合式提升筒形大模板。组合式提升筒形大模板，通常由模板、定位脱模架和底盘平台等组成，将电梯井内侧四面模板固定在一个支撑架上。在整体安装模板时，将支撑伸长，模板即可就位；在拆除模板时，吊装支撑架，模板收缩位移，脱离混凝土墙体，即可将模板和支撑架一起吊出来。

电梯井内底盘平台可以做成工具式，伸入电梯间筒壁内的支撑杆可以做成活动式，在拆除模板时将活动支撑杆缩入套筒内即可。组合式提升筒形大模板及工具式底盘平台构造如图 7-9 所示。

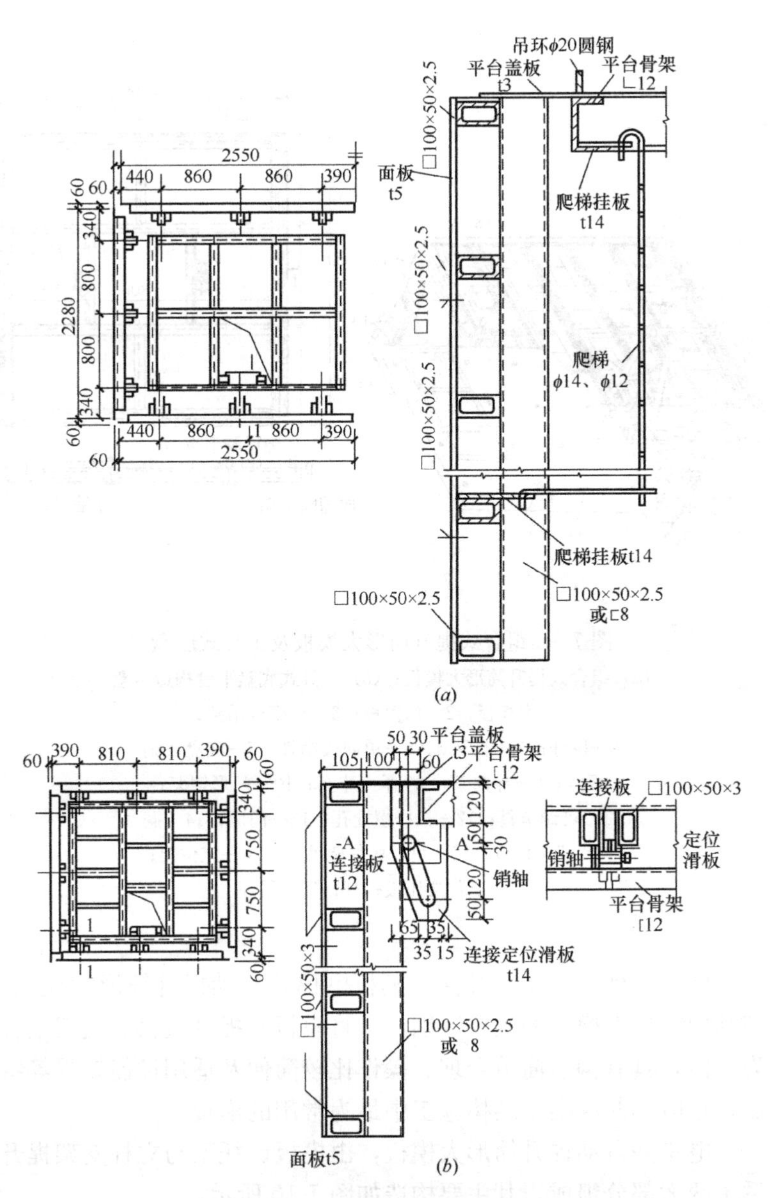

图 7-8　滑板平台骨架筒形大模板的构造示意

(*a*) 三面大模板；(*b*) 四面大模板

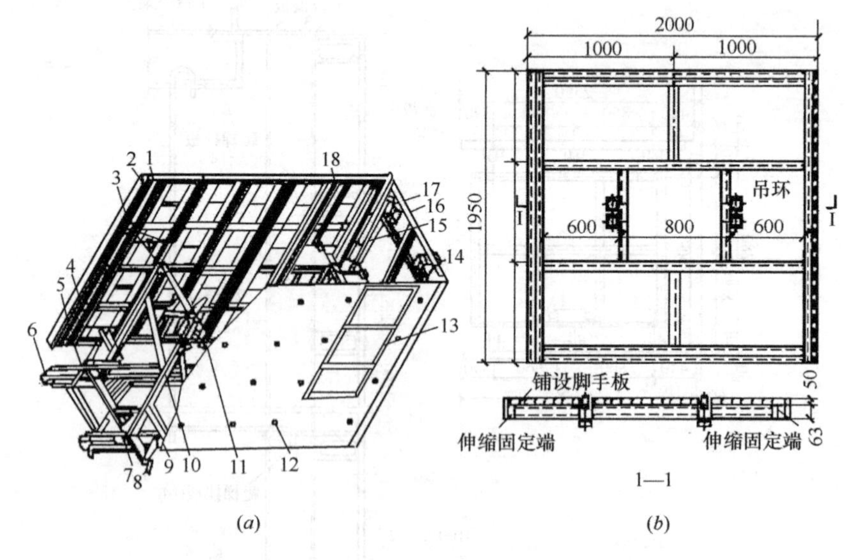

图 7-9　组合式提升筒形大模板及工具式底盘

(a) 组合式提升筒形大模板；(b) 工具式底盘平台构造示意

1—大模板；2—角模板；3—角模板吊架；4—拉杆；5—千斤顶；6—单向铰搁脚；7—底盘及钢板网；8—导向条；9—承力小车；10—门形钢架；11—可调卡具；12—拉杆螺栓孔；13—门洞；14—搁脚预留洞位置；15—角模板吊架吊链；16—定位架；17—定位架压板螺杆；18—吊环

(4) 电梯井自动提升筒形模板电梯井自动提升筒形大模板，和其他筒形大模板的主要区别，是将模板和提升机具、支架结合为一体，具有构造简单合理、操作比较简便及适用性能较强等特点，是电梯井混凝土结构施工中最为常用的模板。

电梯井自动提升筒形大模板，由模板、托架与立柱支架提升系统两大部分组成，其主要构造如图 7-10 所示。

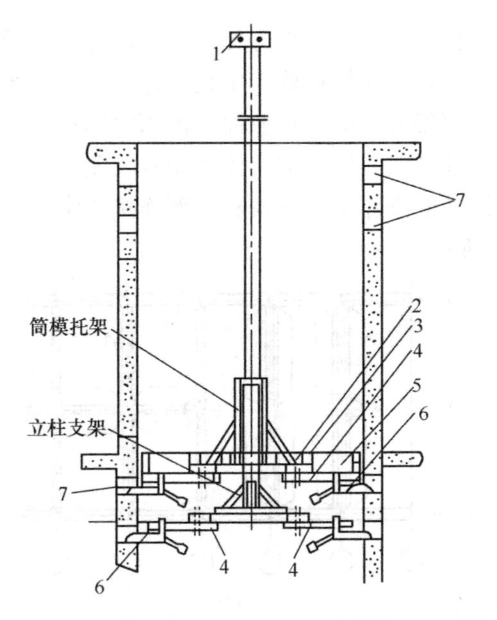

图 7-10 电梯井自动提升筒形大模板构造示意
1—吊具；2—面板；3—方木；4—托架调节奏；
5—调节丝杠；6—支腿；7—支腿洞

（二）大模板的组装形式

大模板施工主要用于民用建筑，板面的划分主要取决于房间的进深尺寸和开间。由于大模板的构造复杂、尺寸较大、一次性投资大，所以必须具有定型化、规格少、通用性强等特点，尽可能满足不同平面组合的需求，使其达到经济实用的效果。

大模板的组装方案取决于结构体系。在建筑工程施工中，大规模板常用的组装形式有平面模板、大角模组装和小角模组装等。

1. 平模板组装

平模板组装方案的主要特点是按一墙面尺寸做成大规模，应用在“内浇外挂”或“内浇外砌”的结构。如果内外墙全部现浇混凝土应当分两次进行浇筑，通常是现浇筑横向墙体，拆除模板后再安装纵向墙体模板并浇筑混凝土。

由于平模板组装方案装拆方便，加工简易、通用灵活、墙面平整、墙体方正，在大模板施工中是首选的组装方案。但是，这种组装方案工序繁多，同一作业面上占用时间长，纵向和横向墙体之间有竖直施工缝，墙体的整体性相对较差。

在进行组装的操作中，平模板端部连接非常重要，其连接方法如图 7-11 所示。

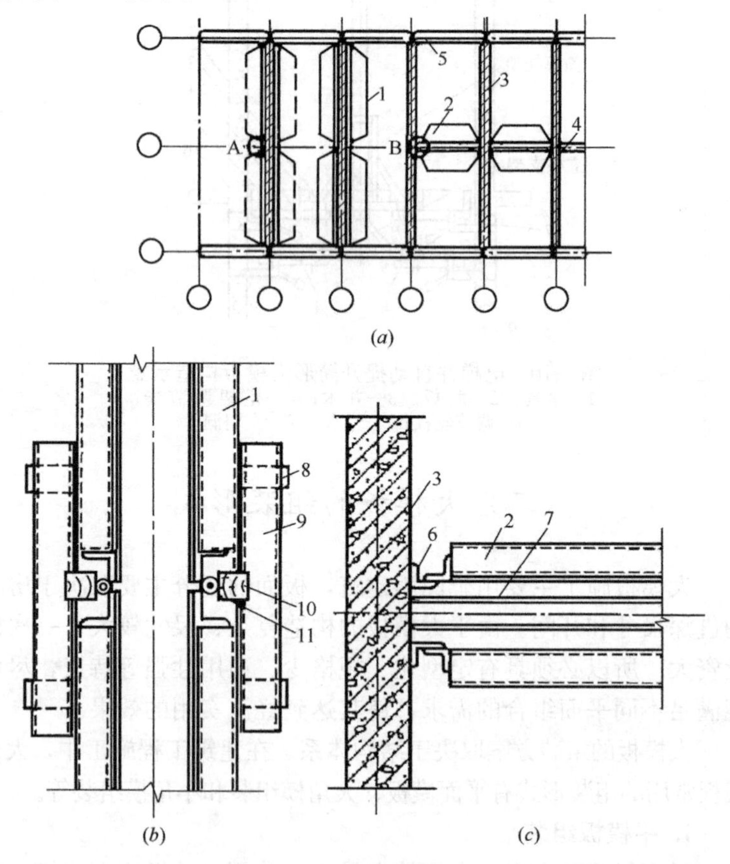

图 7-11　平模板端部节点示意

(a) 端部连接示意；(b) A 节点；(c) B 节点

1—横墙板平模；2—纵墙板平模；3—横墙；4—纵墙；5—预制外墙板；6—补缝隙角模板；7—拉结钢筋；8—夹板支架；9—夹板；10—木楔；11—钢管

2. 小角膜组装

为了使纵横墙体同时进行浇筑，增加墙体的整体性，可在平模板的交角处附加一个小角膜，将四面墙体的平模板连接成为一个整体，这样纵横墙体可同时完成混凝土的浇筑工作。

小角模板方案是以平模板为主，转角处使用 L100×10 的角钢，其连接方式如图 7-12 所示。小角模模板方案的优点是：模板的整体性好，纵横墙体可同时浇筑混凝土，施工方便而且速度快，增加了墙体的抗震性能。但是，小角模模板的拼缝多，加工精度要求较高，模板安装比较困难，墙角方正不易保证，修补工作量较大，大部分工序靠人工操作，工人的劳动强度大。

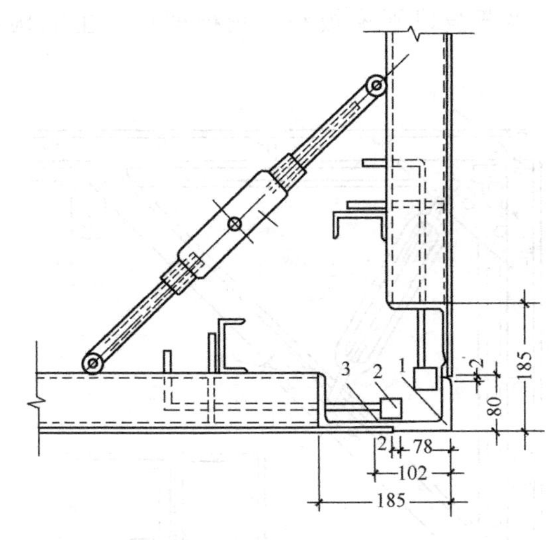

图 7-12　小角模的连接示意

1—小角模；2—偏心压杆；3—合页

3. 大角模组装

大角模组装方案，即一个房间四面墙的内模板用四个大角模组装而成，从而使内墙模板成为一个封闭体系，如图 7-13 所示。

大模板的两肢（即两边的平模板）可绕着铰链转角。沿着高度方向安装三道由 L90×9 角钢组成的支撑杆，作为大角模模板的控制机构。支撑杆用花篮螺栓和角部相连，正反转动花篮螺栓可改变两肢的角度，特别适用于全现浇的钢筋混凝土墙体。

大角模模板的宽度为 1/2 开间墙面的净宽度减去 5mm。当四面墙体都用大角模模板时，进深墙面不足的部分，应当用平模板将其补齐。

大角模模板的优点是：模板的稳定性很好，纵横墙体可以同时浇筑，墙体结构的整体性好。缺点是：在模板相交处如组装不平整，会在墙壁中部出现凹凸线条，两块角模板的拼缝不易调整，如果拼装偏差较大，墙面平整度则较差，导致维修比较困难，模板拆除也比较费劲。目前，在实际工程中很少采取这种组装方案，已逐渐被以平模板和小角模模板为主的构造形式所取代。

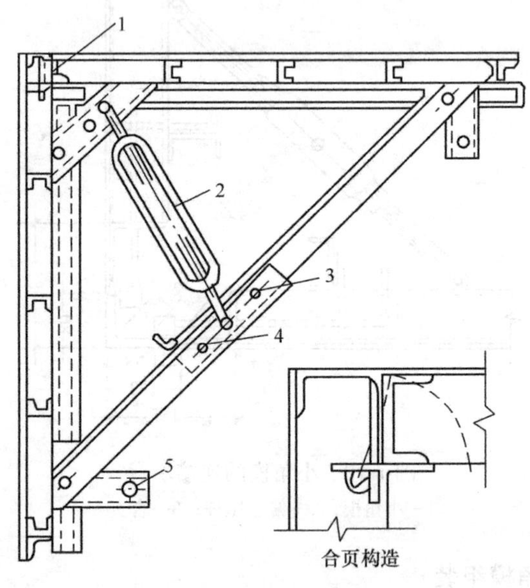

图 7-13 大角模的连接示意

1—合页；2—花篮螺栓；3—固定销子；4—活动销子；5—调整用螺旋千斤

大模板主体加工工艺流程（图 7-14）。

大模板主体是一个非常简单的板状结构，其加工工艺流程相

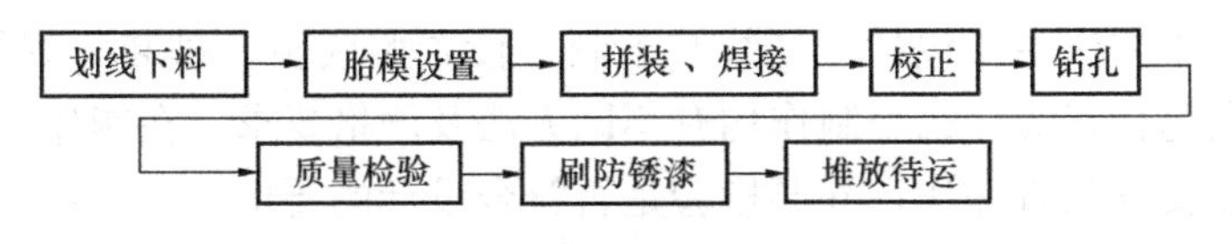

图 7-14　大模板主体加工工艺流程（一）

应的也比较简单，通常可按图 7-15 所示的流程进行加工。

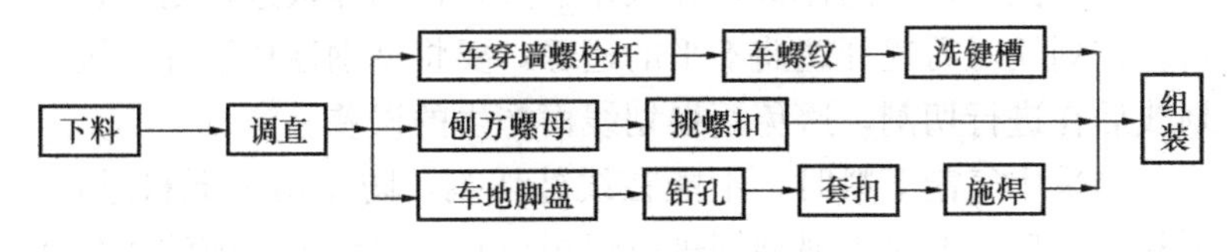

图 7-15　大模板主体加工工艺流程（二）

大模板配件加工，主要是指固定大模板所用的连接件和穿墙螺栓的加工，通常可按图所示的流程进行加工。

（三）大模板的制作

大模板的制作是大模板施工中极其重要的步骤，不仅关系到钢筋混凝土结构的质量，而且关系到工程投资的大小以及施工人员的安全，因此，必须相当重视大模板制作工序的质量，必须符合设计对大模板的要求。

为保证大模板制作符合要求，在大模板正式加工前，必须认真审核设计图纸，了解制作的质量要求，核对模板的数量、型号、部位以及加工要求，清楚连接件和穿墙螺栓的加工要求。

随着建筑工业化、标准化的发展，各种模板的设计与制作也逐渐走向专业化，很多已由专门生产厂家负责制作。特别是对大模板的拼装接缝、角步模板的加工，进行了专门的研究改进，有的已采用数控机床进行加工，不仅加快了模板的制作进度，而且提高了模板加工的精度，有力的促进了大模板的推广和应用。

大模板制作基本方法

采用正确的制作方案是保证大模板加工的关键。大模板制作的基本方法主要包括：划线与下料、设置胎膜板。拼装与焊接、钻孔与校正等。每个制作均有不同方法及严格要求，在制作时应按照要求认真操作，并要检验是否符合设计的要求。

1. 划线与下料

在大模板制作之前，首先应按照设计图纸放好足尺寸的大样，做好比较标准的样板，并根据检查合格的样板进行划线、下料。在划线时需避开翘曲不平的边缘，要将型钢逐根铺开，统一划线后在进行切割，避免逐根划线而产生的误差。

当采用气割下料时，不能在线外切割，防止出现下料过长。下料完毕后，要对下料型钢进行逐根调直。当钢板板前的接缝在横肋部位时，宜用剪板机进行剪切，然后用压边机压平。当采用电焊接缝时，必须将焊渣清除干净。

2. 设置胎膜板

为了确保大模板的精度，制作应在胎模板上进行。胎膜板通常应设置两个，一个用于组装大模板的板面，另一个用于组装大模板的骨架。

为确保胎模板不产生变形，从而使组装的大模板符合设计要求，设置胎膜板的场地必须坚实平整，并用 27 号和 30 号工字钢的间距为 2.5m，上层工字钢的间距为 1.2m。面板胎模板的上层工字钢，要根据模板拼缝的位置，使钢板拼缝刚好落在工字钢上。

胎膜板的平面尺寸应适当，其宽度应能放置模板边框，其长度应能放置两块尺寸相同、正反对拼的模板。另外，胎模板应按照钢模版的骨架和面板的大小，用角钢或槽钢在周边进行镶挡，以便加工组装。为了方便大模板出胎模板，在镶挡之处可以放置垫块。

3. 拼装与焊接

拼装是将大模板的板面与骨架分别进行组合，组合的方式一般采用焊接的方法。根据以上制作的方法步骤，钢板面与骨架分别在两个胎模板上拼接组装。

在组装骨架时，将正反模板骨架在同一侧放在一起。先将横肋放在胎模板上，并适度调整间距，以使板面的拼缝正好对着横肋。正反两块模板的骨架要同时进行组装，然后安装竖肋，并用卡具将竖肋、横肋与胎模板卡牢。

竖肋和横肋安装完毕，经检查确实无误，卡牢后方可开始焊接。焊接应由两人从两侧同时进行，以减少焊接中产生的变形。而且要注意，骨架上的其他附件也应随之焊接。在焊缝冷却后，可将卡具放开，并调整平整度，以便进行板面的组装。

在组装面板时，首先将经裁切比较平直的侧边用在拼缝处，然后用定位焊接方法进行固定。板面拼装每次可铺 3～4 层，然后将组队好的骨架位置放置在板面上，并将骨架、钢板与胎模板用卡具卡紧，对于骨架不能紧贴板面之处，应认真进行校正，必须使两者紧贴。当校正确实无效时，可在空隙处用铁楔子塞紧，然后对称地进行施焊。

板面与骨架组装应采用断续焊，通常每隔 150～200mm 焊接 10mm 的长度。在其周边焊接时，不准将焊接缝高出板面，可采取在周边骨架上钻孔，在孔内施焊的方法。通常情况下，钻孔的直径为 12mm，孔的间距为 150mm。

板面与骨架焊接完毕后，要认真进行质量检查，合格后方可吊离开胎模板。同时将上卡子支座、吊环等焊上。对周边焊接不牢固者，要进行补焊，并将焊接产生的毛刺打掉。要格外注意的是：所有的吊环、挂钩件等必须采用热加工。

4. 钻孔与校正

钻孔是大模板制作中的一个特别的工序，是进行大模板固定不可缺少的孔洞，即在设计位置钻出穿墙螺栓孔的位置，画出两条中心线后用电钻进行钻孔。

为了保证穿墙螺栓孔位置精确，可先用较小直径的电钻钻孔定位，用大直径电钻钻至要求的孔径。每块大模板在制作完毕后，都必须依照设计图纸及加工质量标准进行严格检查，质量不合格者应进行返修。

在大模板制作的过程中，因焊接高温变形而产生翘曲，是大模板中最常见的一种质量缺陷。当变形超过允许偏差时，应当采取相应措施校正。校正的方法是：将两块翘曲的模板板面相对放置，四周用卡具将它们卡紧，在不平整的部位打入合适的钢楔，在静置一段时间后，使其焊接产生的内应力消失，这样就可以达到调平的目的。

经过检查合格的大模板，要将表面的浮锈清除干净，均匀地涂刷上一层防锈漆，然后按照安装顺序进行编号，以便运至工地使用。

（四）大模板的维修

工程实践充分表明：大模板由于用钢量较大、一次性投资较多，所以要求其周转使用次数要在400次以上。但是，在使用过程中，无可避免地出现各种各样的损坏，这就需要加强对大模板的管理，及时做好维修保养工作，以便减小摊销费用，降低工程的造价。

根据工程经验，大模板的维修保养工作，不是单纯指某次模板拆除后的维修，而是应当包括：大模板的日常保养、大模板的现场修理以及大模板的规范保管等方面。大模板的现场修理以及大模板的规范保管等方面。

1. 大模板的日常保养

（1）在大模板使用的过程中，应尽量避免碰撞损伤模板，运输中不要有过大的颠簸，拆除模板时禁止强力撬砸，堆放时要防止出现倾覆。

（2）对于拆除下来的模板，必须及时清理模板表面的残渣和砂浆，并均匀地涂刷一层脱模剂。

（3）对于大模板上所用的零件要妥善保管，螺母与螺杆要经常涂润滑油，以防止产生锈蚀。拆下来的零件不要乱丢，要随手放在工具箱内，且要跟随大模板一起运走。

（4）当一个工程使用大模板完毕后，在转移到新的工程之前，必须对模板进行一次彻底清理，零件清理后要归类入库保存，对于损坏及丢失的零件应当一次补齐，易损件要按需要准备充足

2. 大模板的现场修理

模板经过工程施工，很容易出现板面翘曲、凹凸不平、焊缝开焊、地脚螺栓弯曲以及护身栏弯折等，这些都是大模板在使用过程中的常见病与多发病，应根据实际情况在现场进行修理。在通常情况下，简易的修理办法如下：

（1）当板面出现翘曲时，可以根据板面制作方法进行修理。

（2）板面出现凹凸不平，常见部位是穿墙螺栓孔周围，产生的原因是：穿墙螺栓塑料套管不合适，使其出现凹凸不平。在进行修理时，将模板的板面向上放置，用磨石机将板面的砂浆及脱模剂打磨干净。

（3）如果焊缝出现开裂，先将焊缝中的砂浆与杂质清理干净，整平后再在横肋上增加几个焊点即可。当板面拼缝不在横肋上时，要用气焊边烤边砸，整平后全面补焊缝，再用砂轮打磨平整，然后按照要求再进行施焊。

（4）由于施工中有时会出现对模板的碰撞及撬动，容易使模板的角部出现变形。在进行修理时，先用气焊加以烘烤，并边烤边砸，使变形部位逐渐恢复原状。

（5）如果地脚螺栓损坏，应及时进行更换。如果护身栏弯折或断裂，应及时加以调直，断裂不为要立即焊牢。

（6）如果胶合板出现局部损伤，可用扁铲将损坏处剔凿整齐，然后刷胶补上同样大小的胶合板，最后再涂上一层覆面剂。

（7）对于损坏或变形比较严重，在施工现场不能恢复原状的模板，应当运到专业工厂进行大修。

3. 大模板的规范保管

大模板的规范保管是大模板维修保养中非常重要的工作，尤其是当工程不能持续进行，大模板需要存放一段时间时更加重

要。为确保大模板在保管期间的质量，通常应做到以下几个方面：

（1）模板拆除后应立即进行修理，以免模板产生更大的损坏和变形。然后将模板上所黏结的混凝土和砂浆等清理干净，并均匀地涂刷一层防锈漆。

（2）维修好的模板要尽量存放在通风的仓库内，当露天进行存放时必须用防雨、防晒材料覆盖，千万不可雨淋及暴晒。

（3）大模板要分类进行存放，不可将骨架、板面与配件无次序地堆放在一起。有条件的要做到挂牌存放，牌上标明模板的类型、数量、尺寸、质量状况等。

（4）存放大模板的地基要坚实平整，最好可以进行硬化处理。大模板的最底层要设置垫木，使模板离开地面，以便通风及防止水淹。

（五）大模板的施工工艺流程

大模板的施工工艺可分为内浇外挂施工、内浇外砌施工和内墙全部现浇施工三种。这三种施工工艺各具有不同的特点和方法。

1. 内浇外挂施工工艺

内浇外挂施工工艺是建筑物外墙为预测钢筋混凝土板，内墙为大模板现浇钢筋混凝土承重墙，也是现浇与预测相结合的一种剪力墙结构。

内浇外挂施工工艺的特点为：外墙混凝土板在工厂预测时，保温层与外墙装饰层一般已完成，不需要在高空进行外墙的装修；内墙现浇可以保证结构的整体性。但是这种施工工艺用钢量较大、造价较高，且受预制厂生产的影响，墙板在运输、堆放中问题较多，吊装工程量大。

内浇外挂施工工艺流程如图 7-16 所示。

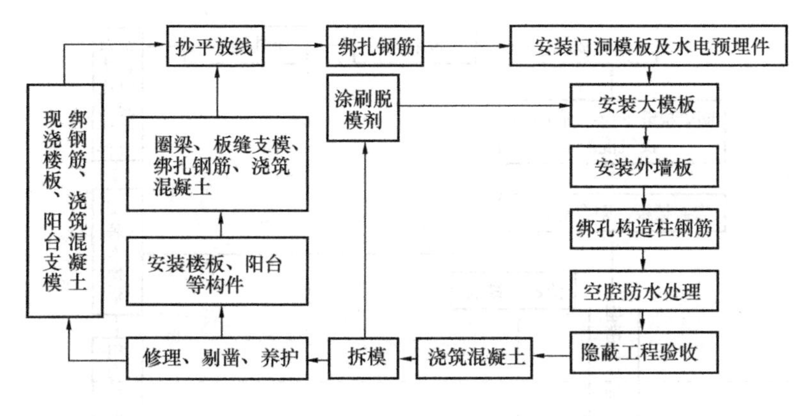

图 7-16 内浇外挂施工工艺流程示意

2. 内浇外砌施工工艺

内浇外砌施工工艺和内浇外挂施工工艺不同，建筑物外墙为砖砌体或其他材料砌体，内墙为大模板现浇钢筋混凝土承重墙，外墙和内墙通过钢筋拉结成为一个整体，现浇内墙与外墙砌体也可采用构造柱连接。

内浇外砌施工工艺技术上比较简单，施工中操作简单，钢材和水泥用量比内外墙全部现浇、内浇外挂工艺都少，工程造价相应也比较低。但是这种工艺手工作业多，施工速度慢，通常用于多层建筑工程中。内浇外砌施工工艺流程示意图，如图 7-17 所示。

3. 内外墙全部现浇施工工艺

内外墙全部现浇施工工艺，两者可以全部使用普通混凝土一次浇筑成形，再用高效保温材料做外墙内保温处理，或内墙外保温处理，从而达到舒适和节能的目的。这是一种常见的传统施工工艺。

在一些情况下，也可以内墙使用普通混凝土浇筑，外墙使用热工性能良好的轻骨料混凝土浇筑。这种施工工艺宜先浇筑内墙混凝土，然后再浇筑外墙混凝土，同时在内外墙交接处做好连接处理。

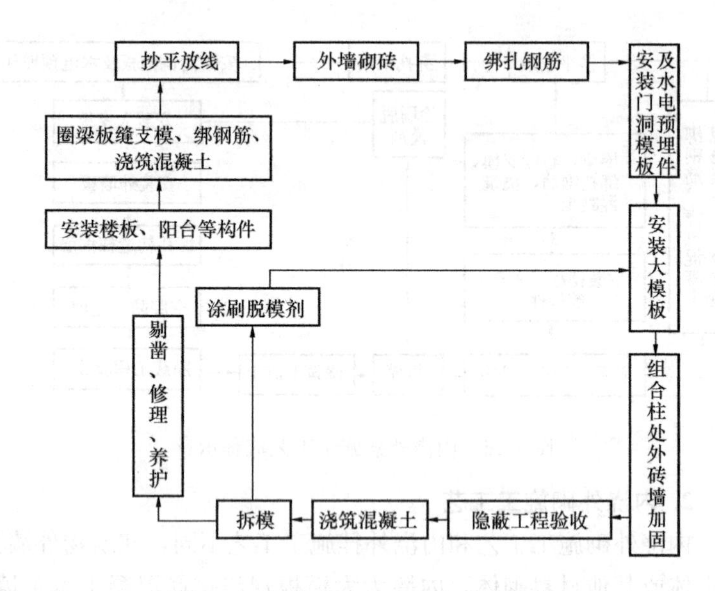

图 7-17　内浇外砌施工工艺流程示意

工程实践证明，内外墙全现浇筑施工工艺，可以一起安装大模板并浇筑混凝土，这种施工方案施工缝隙少，墙体的整体性强，施工工艺比较简单，工程造价比较低，但所用的模板型号比较多，且周转比较慢。内外墙全现浇施工工艺流程示意图，如图 7-18 所示。

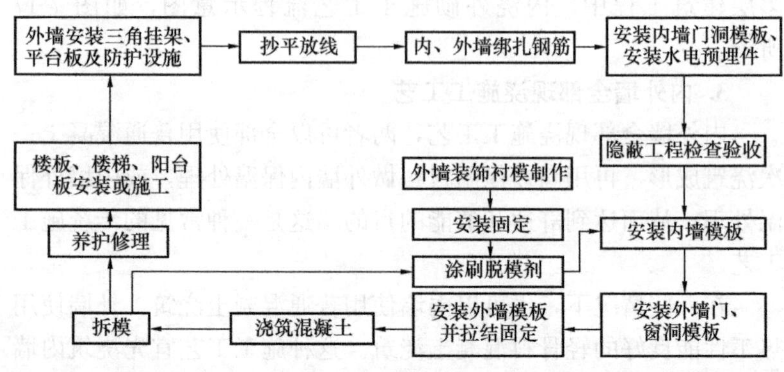

图 7-18　内外墙全现浇施工工艺流程示意

（六）大模板的安装与拆除

1. 大模板安装的基本要求

根据工程实践经验，对于大模板的安装，需要符合以下基本要求：

（1）大模板安装必须符合施工规范的要求，做到板面垂直、角部模板方正、位置十分精确、标高一定正确、两端确实水平、固定确保牢靠。

（2）在大模板安装前及安装后，必须按设计要求涂刷脱模剂，并要做到涂刷均匀、到位，不可出现漏刷现象。

（3）模板之间的拼缝和模板与结构之间的接缝必须严密，不得出现漏浆现象。

（4）装饰性的里衬模板和门窗洞口模板的安装必须牢固，在外力的作用下不产生变形对于双边大于 1m 的门窗洞口，在拆除模板后应加强支护，以免发生变形。

（5）门窗洞口必须尺寸正确、位置准确、垂直方正。采取“先立口”的做法，门窗框需要固定牢固，连接紧密，在浇筑混凝土时禁止产生变形和位移；采用“后立口”的做法，其位置需要准确，模板框架要牢固，便于模板的拆除。

（6）全现浇外墙和楼梯间墙、电梯井筒在支模时，必须保证上下层接槎顺直，不产生错台质量缺陷和漏浆。

2. 大模板安装工艺

在建筑工程的大模板施工中，经常遇到内墙大模板的安装、外墙大模板的安装以及筒形大模板的安装等。由于以上大模板的安装部位不同，因此它们的安装工艺也有所差别。为确保大模板的安装质量。

（1）内墙大模板的安装

在安装模板时，关键要做好各个节点部位的处理。采用组合式大模板时，几个建筑节点部位的模板安装处理方法如下：

1）十字形内墙节点：用纵、横墙大模板直接连为一体。

2）外（山）墙节点：外墙节点用活动角模，山墙节点用85mm×100mm木方解决组合柱的支模问题。

3）错墙处节点：支模比较复杂，既要使穿墙螺栓顺利固定，又要使模板连接处缝隙严实。

4）流水段分段吃：前一流水段在纵墙外端采用木方作堵头模板，在后一流水段纵墙支模时用木方作补模。

（2）外墙大模板的安装

现浇外墙部分，其工艺不同，特别当采用装饰混凝土时，必须保证外墙面光洁平整，图案、花纹清晰，线条棱角整齐。

外墙大模板的安装

A. 安装外墙大模板之前，必须先安装三角挂架和平台板。利用外墙上的穿墙螺栓孔，插入“L”形连接螺栓，在外墙内侧放好垫板，旋紧螺母，然后将三角挂架钩挂在“L”形螺栓上，再安装平台板，也可将平台板与三角挂架连为一体，整拆整装。

“L”形螺栓如从门窗洞口上侧穿过时，应防止碰坏新浇筑的混凝土。

B. 要放好模板的位置线，保证大模板就位准确。应把下层竖向装饰线条的中线，引至外侧模板下口，作为安装该层竖向衬模的基准线，以保证该层竖向线条的顺直。

在外侧大模板地面10cm处的外墙上，弹出楼层的水平线，作为内外墙模板安装以及楼板、楼梯、阳台等预制构件的安装依据。防止因楼、阳台板出现较大的竖向偏差，造成内外侧大模板难以合模，以及阳台处外墙水平装饰线条发生错台和门窗洞口错位等现象。

C. 当安装外侧大模板时，应先使大模板的滑动轨道搁置在支撑挂架的轨枕上，要先用木楔将滑动轨道与前后轨枕固定牢，在后轨枕上放入防止模板向前倾覆的横栓，方可摘除塔吊的吊钩。然后松开固定地脚盘的螺栓，用撬棍拨动模板，使其沿滑动轨道滑至墙面位置，调整好标高位置后，使模板下端的横向衬模进入墙面的线槽内并紧贴下层外墙面，防止漏浆。待横向及水平位置调整好以后，拧紧滑动轨道上的固定螺钉，将模板固定。

D. 外侧大模板经校正固定后，以外侧模板为准，安装内侧大模板。为了防止模板位移，必须与内墙模板进行拉结固定。其拉结点应设置咋穿墙螺栓位置处，使作用力通过穿墙螺栓传递到外侧大模板，防止拉结点位置不当而赵成模板位移。

E. 外墙大模板上的门窗洞口模板必须安装牢固，垂直方正。

F. 当外墙采取后浇混凝土时，应在内墙外端留好连接钢筋，并用堵头模板将内墙端部封严。

G. 装饰混凝土衬模要安装牢固，在大模板安装前要认真进行检查，发现松动应及时进行修理，防止在施工中发生位移和变形，防止拆模时将衬模拔出。

镶有装饰混凝土衬模的大模板，宜选用水乳性脱模剂，不宜用油性脱模剂，以免污染墙面。

3. 大模板的拆除

大模板的拆除时间，以能保证其表面不因拆模而受到损坏为原则。一般情况下，当混凝土强度达到 1.0MPa 以上时，可以拆除大模板。但在冬期施工时，应视其施工方法和混凝土强度增长情况决定拆模时间。

门窗洞口底模、阳台底模等拆除，必须依据同条件养护的试块强度和国家规范执行。模板拆除后混凝土强度尚未达到设计要求时，底部应加临时支撑支护。

拆完模板后，要注意控制施工荷载，不要集中堆放模板和材料，防止早证结构受损。

八、高层建筑滑升模板

（一）滑升模板的概述

1. 滑升模板的概念

利用液压千斤顶，手动提升机或电动提升机，带动模板沿着混凝土表面滑动而成型的现浇混凝土结构施工方法，称为滑动模板施工。滑升模板（亦简称滑模）是指在提升机具（液压千斤顶，手动提升机或电动提升机）的作用下，模板可沿垂直线，斜线或曲线向上滑升的模板，除极少数工程模板水平滑动施工外。本章我们主要学习高层建筑液压滑升模板。

2. 滑升模板的施工基本原理

依据建筑物的结构平面形状和尺寸要求组装一定高度的模板，安装滑升模板装置和液压提升设备，从模板上口分层浇筑混凝土，分层振捣，当模板内最下层的混凝土达到一定强度后，模板依赖提升机具的作用，不断向上滑升，在模板运动状态下，连续浇筑混凝土，使成型的结构件符合设计要求。

3. 滑升模板施工的特定要求

（1）上，下层浇筑的混凝土能很好地结合成整体，并且在振捣上层混凝土时，不至于破坏下层混凝土。

（2）在模板滑行中，各工序必须保证同步进行。钢筋绑扎，预留洞口，水电管线等其他工序必须紧密配合同步施工。

（3）浇筑入模的混凝土不能与模板黏结，以保证模板顺利地提升。

（4）出模的混凝土应具有一定强度，以防塌陷，并且其强度能正常地继续增长，不仅能承受结构自重，且能稳固支撑。

4. 滑升模板的优点

滑升模板是一种先进的建筑施工技术，同其他类型的模板相比，有以下典型的优点：

（1）工程质量好，结构整体性好，增强了建筑物的整体刚度和抗震性能。

（2）滑升模板装置及液压设备可实现多次周转使用，每次摊销费用少，综合经济效益好。

（3）模板配置量少，一般为0.9～1.2m的高度，组装成型后，一直滑升到顶，并可根据设计需要进行变截面。

（4）操作安全、方便，不需要搭设脚手架，绑扎钢筋与浇筑混凝土等项工作始终在操作平台上进行，易于操作和检查。

（5）施工速度快，墙体，筒壁每小时滑升高度0.15～0.2m。对于高层建筑结构（包括墙，梁，板），施工速度一般为三天一层，甚至更快。

5. 滑升模板的发展历程与应用

滑升模板是现浇混凝土工程中机械化程度较高的工艺之一。20世纪初人们创造了滑升模板，并随着科学技术的进步，这项工艺应用的范围在不断地扩大。我国早在20世纪初60年代曾用手动千斤顶施工过一些筒仓，造粒塔等工程，20世纪70年代初随着3.5t穿心式液压千斤顶的不断改进和多种类型工程的实践，滑升模板进入了推广应用时代。1986年定型大钢模滑板用于滑升模板，1988年6t，10t大吨位千斤顶和ϕ48×3.5钢管支承杆用于滑升模板，从此高层建筑滑升模板得到长足发展。

当代，我国的滑升模板工艺应用范围十分广泛，特别是在烟囱、水塔、筒仓、造粒塔、桥墩、竖井、电视塔等构造物方面普遍应用，其中电视塔滑升高度达到280m（塔高405m），不少烟囱达到240m。另外在住宅楼，写字台及一些工业建筑上的应用也去得可喜成果，其中高层建筑滑升高度达到206m，最大整体滑升建筑面积2300m^2，工业建筑最大整体滑升面积5180m^2，在一些工程上滑升模板综合技术达到国际先进水平。

采用滑升模板工艺施工的典型工程有：深圳国际贸易中心（50 层，160m 高）；武汉国际贸易中心（52 层 206m 高，标准层建筑面积 2300m^2）（如图 8-1 所示）；广州海珠广场花园三栋高级住宅（46 层，139.7m 高，标准层面积 615m^2）（如图 8-2 所

图 8-1 武汉国际贸易中心

图 8-2 广州海珠广场高级住宅楼

示）；安庆石化总厂干煤棚（框架滑升模板，网架随带顶升，整体滑升面积5180m²）（如图8-3所示）；天津电视塔（滑升高度280m，总高405m）；大连北粮二期60万吨粮食筒仓（20座，内径32m，高48.5m）等，从这些典型工程上反映了我国滑升模板施工技术水平有了很大的发展。

图8-3 安庆石化总厂干煤棚

（二）滑升模板的装置系统

高层建筑滑升模板装置由以下五个系统组成：

1. 液压提升系统

液压提升系统主要包括液压控制台，油管，千斤顶，阀门，支撑杆等。

2. 水电系统

水电系统主要包括动力、照明、信号、广播、通信、电视监控以及水泵管路设施等。

3. 操作平台系统

操作平台主要包括固定平台、活动平台、挑平台、吊脚手架、料台、随升垂直运输设施的支撑结构等。

4. 模板系统

模板系统主要由模板、围圈、提升架、模板截面及倾斜度调节装置等构成。

5. 施工精度控制系统

施工精度控制系统主要包括千斤顶同步，建筑物轴线和垂直度等的观测与控制设施等。

（三）滑升模板装置的安装与拆除

1. 滑升模板组装前的准备工作

（1）组织滑升模板组织人员入场，对进场人员进行安全技术交底，让主要工种人员熟悉图纸和安装方法，掌握组装的质量要求和各工种交叉组装顺序。参加组装的人员应是参加施工的木工、液压工、电焊工等，并从组装开始划分责任区段，以加强责任心，确保组装质量。

（2）组织加工的滑升模板构件进入施工现场，分规格，型号堆放，清点，验收。

（3）组织与组装有关的机械、设备、架料、材料、安全网、紧固件等进场。

（4）按模板及滑升模板装置平面布置图，进行一道墙的试拼装，通过试拼，检验设计和加工质量，明确各种构件相互之间的关系，调试提升架，插板等活动部位的公差配合和灵敏度，修正误差或差错，为工程正式拼装打下良好基础。

（5）在墙和提升架柱腿位置找平，绘出实际标高平面图，超高部分应予剔除。起滑标高（模板安装底标高）可同楼面标高持平。若楼面高差较大或普遍超高，可将滑标高上调 20～30mm，一旦标高确定，即做好抹灰带，以使安装的模板底标高一致。

（6）清理起滑层楼面，在楼面上弹出墙的轴线，截面边线，模板边线，提升架中心线，立柱位置线，门窗洞口线等，在地面上写出构件规格型号。

(7) 搭设临时脚手架和上人斜道。

(8) 整理钢筋，对超出墙边线的预埋钢筋进行校正，绑扎模板高度内的钢筋（绑到面标高上 900mm 处），并由质检人员进行隐检。

(9) 提前安装提升架的夹板槽钢，可调支腿及伸缩调节丝杠，并进行调试。

2. 滑升模板的组装程序

(1) 安装大模板和角模。由于从滑升模板层地面或楼面开始组装，外模板下口与内模板持平，上口高于内膜 300mm，待滑到二层时，外墙及电梯井外模即下降 300mm，此时外模上口与内膜持平，下口作为模板边模。

(2) 安装提升架，支腿用槽钢卡铁同模板的水平钢槽连接。装完一个房间或一段，即用支腿丝杠调整模板截面和难度。要求提升架横梁中心与模板中心一致，横梁保持水平，提升架立柱在平面内，外均保持垂直。立柱下端用木楔调平并楔紧。

(3) 安装围檩及围檩水平斜撑，安装衔架及衔架立杆，斜杆，安装活动平台边框，必要连接处进行现场焊接。

(4) 安装提升架上部的支架及水平钢管，纵横通长钢管，使上部连成一个整体。安装环梁连接板，安装环梁，环梁同连接板现场焊接。

(5) 安装千斤顶及液压油路系统。

(6) 铺设固定平台及活动平台。

(7) 安装外挑架，钢管水平衔架，栏杆立管，水平管等。铺设外挑平台板，踢脚板及安全网。

(8) 安装门窗洞口模板及控制洞口尺寸的卡具，当采用插板做法时，安装过梁连梁板，连接角钢。

(9) 安装电气系统的动力，照明线路及配电箱，照明灯具，信号装置。

(10) 液压系统进行加压调式，检查油路渗漏情况，千斤顶、油管逐个进行排油排气。插入支承杆，首次插入的支承杆按4种不同高度插入各四分之一。首次插入高度低于千斤顶高度的，即用标准支承杆接高。

（11）激光测量，观测装置安装。激光扫描观测台的设置。

（12）施工用水进行水平管、立管、阀门及胶管安装，灭火器设置。

（13）当滑升模板施工到一定高度后，进行外墙及电梯井筒内吊脚手架及安全网安装，外墙及电梯井纠偏装置。

（14）分区标牌，安全标准，宣传标语等设置。

（15）会同质量、安全、技术等部门进行全面技术安全检查，对检查出的问题应及时整改完成。

3. 滑升模板的组装要点

模板组装质量是后期滑升模板施工成功和工程质量优良的首要关键，为了确保组装一次保质完成，尤其注重以下六点：

（1）组装误差的消除

模板组装要确保墙模组装成一条线，剪力墙的外形尺寸及每个房间对角线准确，电梯井净空尺寸准确。每个房间的组装误差在两周线间消除，墙梁截面误差控制在规范允许范围内。

（2）模板锥度与截面尺寸

滑升模板组装后必须形成上口下，下口大的锥度，模板单面倾斜度为0.3%，900mm高的模板截面，下口以上300m处与结构截面等宽，上口同样小5mm。

模板锥度及截面尺寸应在组装阶段边组装边调整，不可最后一起调整。

（3）活动部件的松紧度和公差配合

对于插板、支腿、丝杠、螺母、提升架等互相配合的活动部件，安装过程中注意调试其松紧度，检查公差配合情况，确保使用灵敏可靠。

（4）支承杆保持垂直

支承杆要求垂直插入千斤顶，就位后应逐根检查和调整垂直度，支承杆底部要垫平。

（5）控制门窗洞口模板

要控制好门窗及洞口尺寸，水平位置和标高，做好门窗洞口模板定位，加固工作，经常检查洞口模板宽度，防止木模板遇水胀模。

（6）模板表面处理

模板必须在组装前进行表面处理，要求除锈、去污、擦净，涂刷油性隔离剂，有利于滑升脱模。

4. 滑升模板装置的组装允许偏差

按《液压滑动模板施工技术规范》GBJ 113，滑升模板装置组装允许偏差见表 8-1。

滑模装置组装允许偏差 **表 8-1**

项目	允许偏差（mm）
模板结构轴线与相应结构轴线位置	3
围圈位置偏差　水平方向	3
围圈位置偏差　垂直方向	3
提升架的垂直偏差　平面内	3
提升架的垂直偏差　平面外	2
安放千斤顶的提升横梁相对标高偏差	5
考虑倾斜度后模板尺寸的偏差　上口	－1
考虑倾斜度后模板尺寸的偏差　下口	＋2
千斤顶安装位置的偏差　提升架平面内	5
千斤顶安装位置的偏差　提升架平面外	5
圆模直径、方模边长的偏差	5
相邻两块模板平面平整偏差	2
提升架横梁水平度　平面内	2
提升架横梁水平度　平面外	2
操作平台水平度	20

5. 滑升模板装置的改装

当滑升模板施工到一定高度后，楼层平面和墙柱截面发生变化，需要改装滑升模板装置，主要做以下几点工作：

（1）当楼层平面发生变化时，在变化位置更换角模或平模。油路系统相应增减。

（2）拆除有关角模与平模的连接，更换角模，收小模板截面，调节模板锥度。

（3）固定平台和外挑台铺板加宽。

（4）新增或调整的提升架，支承杆底部要进行加固处理。

（5）外墙 1200mm 模板下降 300mm，上口与内墙模板持平。1200mm 模板下降时，利用手动葫芦进行。

6. 滑升模板装置的拆除

（1）拆除前由技术负责人及有关工长对参加拆除的人员进行技术安全交底，按规则顺序拆除。

（2）拆除内外纠偏用钢丝绳，接长支腿及纠偏装置，测量系统装置。

（3）拆除电气系统配电箱，电线及照明灯具。

（四）混凝土施工设计

1. 混凝土施工设计

由于每个高层建筑的结构设计和施工条件的不同，必须在安装滑升模板前对混凝土施工进行设计与计算，其主要依据是混凝土试验数据，设备资料数据和施工进度计划等。

滑升模板工程标准层，非标准层层高不同，墙厚不同，有门窗洞口和无门窗洞口位置的混凝土工程量不同，为此必须选择具有代表性的楼层分浇筑层进行计算。从示例表（见表 8-2）可以看出非标准层的混凝土量大，在平均浇筑速度大致相同的情况下，总的浇筑时间比标准层大得多。在非标准层，每个浇筑层的浇筑时间为 2～2.5h，平均浇筑速度为 16～18m^3/h；在标准层，每个浇筑层的浇筑时间为 1.5～2h，平均浇筑速度为 12～15m^3/h，随着滑升高度上升，熟练程度的不断提高，浇筑速度和每个楼层总的滑升模板作业时间将随之改变。

每个混凝土浇筑层的浇筑时间应同模板的滑升速度相协调，当混凝土浇筑到 600mm 后开始出膜，出膜时间为 4h，滑升速度 150m/h，则每 300mm 浇筑层的浇筑时间为 2h。

平均浇筑速度＝每个楼层竖向结构混凝土量÷总浇筑时间

分层浇筑混凝土量、浇筑时间和浇筑速度示例表　　表 8-2

合计	4800	562.47									
17	100	15.46									
16	300	46.0	合计	4400	507.42						
15	300	37.65	15	200	31.26						
14	300	33.02	14	300	46.90						
13	300	33.02	13	300	33.02						
12	300	33.02	12	300	33.02						
11	300	33.02	11	300	33.02						
10	300	33.02	10	300	33.02				合计	2680	175.84
9	300	33.02	9	300	33.02				9	280	22.47
8	300	33.02	8	300	33.02	合计	2100	231.14	8	300	19.85
7	300	33.02	7	300	33.02	7	300	33.02	7	300	18.14
6	300	33.02	6	300	33.02	6	300	33.02	6	300	18.14
5	300	33.02	5	300	33.02	5	300	33.02	5	300	18.14
4	300	33.02	4	300	33.02	4	300	33.02	4	300	18.36
3	300	33.02	3	300	33.02	3	300	33.02	3	300	19.39
2	300	33.02	2	300	33.02	2	300	33.02	2	300	20.56
1	300	33.02	1	300	33.02	1	300	33.02	1	300	20.79

续表

浇筑层	浇筑高度/mm	混凝土量/m³	浇筑层	浇筑高度/mm	混凝土量/m³	浇筑层	浇筑高度/mm	混凝土量/m³	浇筑层	浇筑高度/mm	混凝土量/m³
平均浇筑速度		16 m³/h	平均浇筑速度		15.9 m³/h	平均浇筑速度		15.4 m³/h	平均浇筑速度		14.7 m³/h
浇筑时间/h		35	浇筑时间		32	浇筑时间		15	浇筑时间		12
墙高/mm		4900	墙高/mm		4400	墙高/mm		2100	墙高/mm		2680
板厚/mm		100	板厚/mm		100	板厚/mm		100	板厚/mm		120
层高/mm		5000	层高/mm		4500	层高/mm		2200	层高/mm		2800
首层			二、三、四层			设备层			标准层		

(1) 模板滑升速度

当支承杆无失稳可能时，按混凝土的出模强度控制，模板滑升速度可按下式确定：

$$V=(H-h-a)/T$$

式中 V——模板滑升速度，m/h；

H——模板高度，m；

h——每个浇筑层厚度，m；

a——混凝土浇满后，其表面距模板上口的距离，取 0～0.1m；

T——混凝土达到出模强度所需的时间，通过混凝土试验确定。

(2) 混凝土配制要求

根据各楼层的混凝土强度等级，进行混凝土配合比的设计与试配，提出适应每个季节、时间，各种温度范围的混凝土配合比，其基本要求如下：

1) 为了减小混凝土施工中的泌水现象，提高混凝土的可泵性，可掺入水泥，10%～15%的沸石粉或粉煤灰。砂率控制在 40%～45%。

2）根据气温变化掺加一定的缓凝剂，减水剂或复合型减水剂，早强剂等，是标准层初凝时间控制在2～4h，非标准层初凝时间控制在3～5h。滑升模板混凝土的出模强度达到0.2～0.4MPa。

3）楼板混凝土要求早强，1天强度达到1.2MPa以上，以利于支设上层梁底模及支撑系统；7天达到设计强度75%以上，以利于模板支撑周转使用。

4）混凝土入模浇筑的坍落度，参照《液压滑动模板施工技术规范》GBJ 113要求，按表8-3确定。

混凝土浇筑时的坍落度　　表8-3

结构种类	坍落度	
	非泵送混凝土	泵送混凝土
墙、板、梁、柱	50～70	100～160
配筋密集的结构	60～90	120～180
配筋特密结构	90～120	140～200

入泵坍落度根据经时损失值和不同的泵送高度相应调整。

5）各种配合比和外掺剂的选用，由试验人员负责管理，根据进场水泥和气温的变化，随时进行调整，测定和监督。

6）做好水泥和粗、细骨料的检测工作，材质应符合规范要求。当采用泵送混凝土时，粗骨料最大粒径与输送管之比宜为1∶4～1∶5。

（3）混凝土搅拌能力及运输能力

混凝土的搅拌能力及运输能力必须保证并大于混凝土最集中部位（如过梁部位）的浇筑速度。如表8-2所示在首层～4层过梁部位每个浇筑层为46.90m^3，按每层浇筑时间为2h计，则浇筑速度为23.45m^3/h、为此：

混凝土水平运输：从场外搅拌站用两台水泵车，每台泵车6m^3，平均每辆车每小时送两次，$6\times2\times2=24m^3/h$，可满足要求。

混凝土垂直运输：采用两台混凝土输送泵，每台最大输送能力大于 $24m^3/h$，采用两台混凝土布料机布料，回转半径 25m，直接输送到浇筑部位。

2. 混凝土的施工

(1) 先处理好施工缝，清除墙顶部松动的混凝土碎渣，用水冲干净，用同强度等级石子减半的混凝土接浆处理，厚度 50mm。

(2) 根据每个浇筑层混凝土数量，确定混凝土卸料顺序，分区编号，按指定的位置，顺序和数量布料。

(3) 混凝土浇筑按“先内后外，先难后易，先厚后薄，均匀布料，严格分层”的原则进行，即每个浇筑层先浇内墙，后浇筑外墙柱；先浇墙角，门窗口，钢筋密集的地方，后浇直墙；先浇厚墙，后浇薄墙、梁。应有计划地均匀地变换浇筑方向，防止结构发生倾斜或扭转。

(4) 混凝土必须分层浇筑，分层振捣，每个浇筑层 300mm 高，振捣混凝土时，不得直接振动支承杆和模板。振动棒插入下层混凝土深度不宜超过 50mm。

(5) 混凝土浇到墙及梁顶时，最后一层混凝土的厚度应大于或等于梁高的二分之一，混凝土自重大于模板与混凝土摩阻力，以防止顶部混凝土被带起。要注意混凝土顶面找平，并及时将模板边框上及操作平台上的混凝土清理干净，松散的混凝土碎渣不得堆积在以浇混凝土顶面上。

(6) 混凝土的养护采用喷涂养护剂的方法或在终凝后采取浇水养护的方法。

3. 液压滑升

(1) 初滑升

当第二个浇筑层的混凝土（600mm 高）交圈或从开始浇筑达 4h，先滑升一个行程；以后每隔 15min 至 30min 滑升一次，每次 1～2 个行程。

(2) 正常滑升

当900mm高模板内全部浇满混凝土后，进入正常滑升；每次连续滑升共300mm，为下一浇筑层创造工作面；当两次正常滑升的时间间隔超过0.1h，应增加中间滑升，每次1～2个行程。

(3) 滑升模板过程中的工作

1) 提升时应保证充分给油和回油，没有得到全部回油完成的反馈信号时，要了解原因，不得轻易送油，千斤顶回油不够，则滑升有效高度相应降低。

2) 每次滑升前，应注意观测出模强度的变化，以采取相应的滑升措施（减慢或加快）。每次滑升前应检查，并排除滑升障碍。

3) 随时检查平台的水平，垂直偏差情况及支承杆的工作状况，如发现异常应及时找出原因，采取调平、纠偏、加固、清洁支承杆等相应处理措施。

4) 送油过程中要随时检查有无漏油，渗油现象。

5) 每层楼强制进行10%千斤顶更换、清理、保养、保证上部结构顺利滑升。

(4) 停滑

当滑升模板完成或在异常情况下，必须停滑时，应采取停滑措施；即每半小时滑升一次，每次1～2个行程，总计提升高度300mm，共提升4h以上。在恢复施工前，还应提升2个行程，使模板同局部黏结的混凝土脱开。因停电造成的停滑，应及时接通柴油机发电机电源，或汽油发电机装置，以满足停滑措施的暂时滑升要求。

(5) 空滑

当墙及过梁的混凝土浇筑到楼板底标高，即进行空滑，使模板下口到达楼板顶标高位置，在空滑期间，钢筋绑扎，钢筋接高，模板清理等工作同时进行。空滑时间为4h，平均每小时滑升250mm。空滑时应注意：

注意观察支承杆的变化情况，及时采取加固措施，防止支承杆失稳；随时检查标高，并限位调平，保证空滑完成时标高准确，平台水平。

4. 钢筋加工及绑扎

（1）对钢筋的要求

对配筋的一般要求，除按图纸，设计洽商及有关规范配筋外，还要求满足以下条件：

1）当支承杆设在门窗洞口时，暗柱及窗口墙箍按原设计的不变箍筋成捆从主筋顶部套入，临时挂住，逐个下放绑扎。

2）按分区部位做配筋表。

3）较大的箍筋可通过设计洽商修改为 2 个 U 形筋，以便从侧面穿入绑扎。

4）墙立筋按一层一搭接，搭接接头按 50%错开。接头开始位置设在每个楼层标高及楼层标高以上 900mm。当墙立筋设计为 HPB335 级钢筋时，其下端弯钩照绑，上端弯钩改为直线，钢筋搭接长度相应加大。

5）箍筋一端弯 135°，另一端弯 90°，绑扎时在由人工弯成 135°，钩长 $10d$（d 为钢筋直径）或建议采取开口箍，以提高绑扎速度。

（2）钢筋施工前的准备

1）钢筋加工厂应有专人负责清理、点数，按分区部位备好所用钢筋，挂上标牌，并按号堆放整齐。

2）长钢筋搁在提升加上部，箍筋应挂在提升架横梁上，不要在外平台上堆放。

3）运到台下指定位置后，也按号分配到各区、各部位，不能乱拉。

（3）钢筋绑扎

1）钢筋绑扎时应按图纸和施工验收规范要求进行。

2）为防止水平筋偏移碰撞模板，并控制好水平筋的保护层，可在丁字墙（梁），十字墙（梁），和墙（梁）中部的模板上口安装模板导向筋。水平筋之间用 $\Phi 6$ 拉钩连接，垂直间距及水平间距按设计要求，梅花形布置（如图 8-4 所示）。

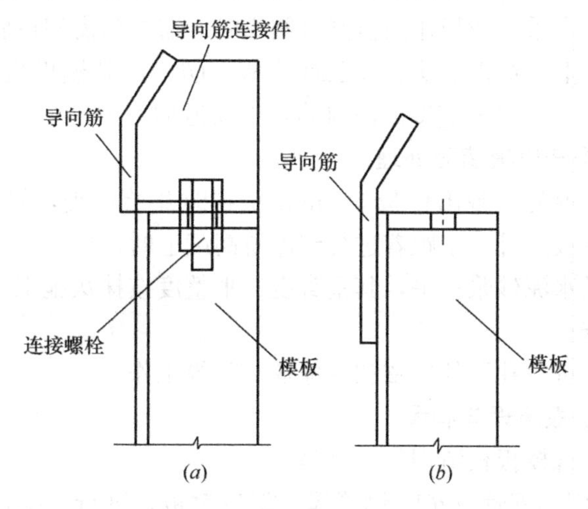

图 8-4　导向筋的安装

(*a*) 安装导向筋连接件；(*b*) 导向筋与模板焊接

3）要严格控制竖向主筋的搭接长度和接头位置，特别是大直径钢筋，由于自重和振动往往要下滑，可向上提一些，到进入混凝土时正好，避免误差累计，要随时控制主筋位置的正确性，放置偏位。

4）钢筋工除加强自身责任心外，随时接受质量检查员的隐蔽检查，特别注意箍筋 135°，保护层厚度，钢筋搭接长度，接头位置错开及钢筋位置的正确性。

5. 滑升模板中的木作施工

(1) 安放门窗洞口模板，洞口两侧模板之间用木方对撑和斜撑。

(2) 安放预留洞木盒，墙中的木盒要用短钢筋混凝土立筋焊接压住。

(3) 按测量反应在支承杆上的整米标高或半米标高（权威标高：黄色），引出各门窗洞口，预留洞口，预埋件，梁底标高及墙顶标高等细部标高（木作标高：红色）。

（4）预埋件要同相邻钢筋电焊焊接要牢固。

（5）当采用插板作门窗洞口侧模时，需在门窗洞口底模上部两侧主筋上焊接钢筋头，安放底模板，防止滑升模板拖带上提。对于 1200mm 以上宽度的门窗洞，中间另加木撑。

6. 滑升模板墙面处理

当墙混凝土脱出模板 500mm 左右即开始检查，修补缺陷，随滑升模板上升，紧跟着进行到停滑高度上时，局部墙面，墙角可用少量水泥砂浆抹平，其垂直度、平整度按抹灰施工验收规范要求检查。

最后进行孔洞的修整和落地灰清除等工作。

7. 模板清理与润滑

（1）升模板板清理的办法是：

1）用小钢管或 Φ10 钢筋焊一斜口钢板，进行铲除，清理的渣屑要及时除掉；

2）在模板面上喷涂除垢剂，用清水冲洗，在该层混凝土达到终凝时进行。

（2）刷隔离剂采用特别长刷：

1）墙的模板用 0.75mm 厚白铁皮及地毯边角料，做成 1200mm 长，120mm 宽，上口有一拉手的长刷，让光面对钢筋，毛面对模板。涂刷前平放注入隔离剂，然后上下搓动，涂刷时注意不污染钢筋。

2）梁的模板在脱空时喷涂隔离剂。

8. 水电安装配合

（1）按图纸规定的埋管和接线盒平面位置，在滑升模板背后用油漆做出标记，确保每层平面位置的统一。在墙体滑升模板时，按支承杆上的标高，引出配电箱，开关盒，接线盒的竖向位置。

（2）在楼板绑完底层钢筋后，立筋进行楼板管线，埋件及预留洞的埋设。对小管径水暖管线留洞可在楼板混凝土完成后用金刚石薄壁钻头钻孔。

（3）对需要在混凝土脱模后抠洞挖槽的地方，应同土建技术人员共同商定。

（4）在墙体滑升模板和楼板浇筑混凝土的过程中，安装电工、管工应派人观察，检查预埋件，预埋洞的准确性，有无位移情况，并及时修正。

（5）水电的具体施工方法应按编制的水电施工技术方案进行。

（6）开关盒内填充泡沫塑料，以防灰浆污染。

（7）在墙体滑升模板时，随着模板的滑升，不失时机地埋设各种管线。将开关盒，接线盒用细钢筋同结构钢筋焊接，卡住它们防止移位。注意不得随意割断钢筋和变动结构钢筋位置，可将埋件，埋管位置，尺寸标注在相应位置的模板上。

9. 测量观测

（1）当滑升到一定高度后，标高传递钢尺零位对准起滑标高，模板下口的钢尺读书即为模板下口标高，标高传递到基准支承杆上后，以整米数和半米数反映到所有的支承杆上。

（2）在实际应用中，是以支承杆上的限位卡控制千斤顶位高的，因此在滑升模板装置组装完成后，要根据模板上口到千斤顶顶部的距离推算出混凝土的浇筑标高（见表 8-4）。

混凝土的浇筑标高位置　　表 8-4

层数	本层楼面标高	起滑时的标高		混凝土浇到板底时的标高	
		内模上口	千斤顶顶部	内模上口	千斤顶顶部

（3）激光垂直观测每层至少进行两次，即在正常滑升开始后及空提完成后，每次观测并将垂直偏差成果及时送交指挥人员进行偏移和旋转的分析。垂直偏差观测成果一式三份，其中一份存档。垂直偏差观测成果记录形式见表 8-5。

垂直偏差观测成果记录表　　表 8-5

本层滑模起止时间　月　日　时至　月　日　时第　次成果

<table>
<tr><td>单位工程名称</td><td></td><td>层数</td><td>第　层</td><td rowspan="2">观测方法</td><td rowspan="2">激光</td></tr>
<tr><td>本层结构设计标高</td><td></td><td>观测时模板上口
平均标高</td><td></td></tr>
<tr><td>观测点</td><td>偏移方向</td><td>偏差值/mm</td><td colspan="3" rowspan="10">示意图</td></tr>
<tr><td></td><td></td><td></td></tr>
<tr><td></td><td></td><td></td></tr>
<tr><td></td><td></td><td></td></tr>
<tr><td></td><td></td><td></td></tr>
<tr><td></td><td></td><td></td></tr>
<tr><td></td><td></td><td></td></tr>
<tr><td>偏移性质</td><td></td><td></td></tr>
<tr><td>本层垂直度</td><td></td><td></td></tr>
<tr><td>全高垂直度</td><td></td><td></td></tr>
</table>

观测者：　　观测时间：　月　日　时

（4）所有支承杆上的标高都必须在同一水平面上，为此采用激光水平扫描控制。在中部电梯井上部搭设观测平台，观测平台比固定工作平台高 2m。在观测平台上搭设激光自动安平仪，当平台滑升到一定高度时用激光安平仪进行扫描，将从±0.000 引测上来的标高传递到每根支承杆上，并涂有黄色三角标记。

10. 防偏与纠偏

高层建筑的单层面积大，结构复杂，对主体工程垂直度的要求高，故以防偏为主，纠偏为辅。

（1）防偏措施

1）操作平台上的荷载包括设备，材料及人流应保持均匀分布。

2）保持支承杆的稳定和垂直度，注意混凝土的浇筑顺序，匀称布料和分层浇捣。

3）严格控制支承杆标高，限位卡底部标高，千斤顶顶面标高，要使它们保持在同一水平面上，做到同步滑升。一般每300mm调平一次，在空提过程中每100～200mm调平一次。

（2）纠偏方法

1）纠偏前应认真分析偏移或旋转的原因，采取相应措施，如荷载不均匀，应先分散或卸掉荷载等，然后再进行纠偏。纠偏过程中，要注意观测平台激光靶的偏差变化情况，纠偏应缓缓进行，不能矫枉过正。应控制好纠偏装置或钢丝绳的松紧度，连续提升要放松钢丝绳，提完后再紧上。

2）纠偏采用外墙提升架立柱下的纠偏装置，向偏差反方向向墙面顶紧，以此纠偏。必要时可用3/8钢丝绳和2～5t手动葫芦，从外墙一个墙角的外围圈到另一个墙角的下层窗口或预埋铁件，向偏差的反方向拉紧。

3）拆除高压油管，针形阀，液压控制台。

4）拆除固定平台及外平台，上操作平台的平台铺板，拆除的材料堆放在活动平台上吊运。

5）拆除活动平台及边框。

6）拆除连接模板的阴阳角模。

7）模板提升架和吊架采用分段整体拆除方法，以轴线之间一道墙为一段，先拆除模板段与段之间的连接螺栓，然后将钢丝绳拴在提升架上，有塔吊吊住，用气焊隔断支承杆后，整体吊运到地面，高空不作拆除。

8）进行拆除后的清理，运输，入库。

（五）滑升模板的施工方法

水平结构施工

水平结构包括主、次梁，连梁，过梁，楼板，阳台板等，其中一部分大梁同墙一样采取滑升模板施工，一些与墙的投影面重合的梁，如连梁，过梁也按滑升模板处理。对于楼板，阳台板等，当墙体滑完，使滑升模板板底标高空滑至上层楼面标高位置后，再支模施工上一层楼板，阳台板及与楼板相连的梁，即采取“滑一浇一”的方法施工。

1. 窗台上、下挑板

采用预留胡子筋的方法，在滑升模板施工的下层，从外墙将顶留钢筋调直，绑扎钢筋，支挑板模板，浇筑挑板混凝土。

2. 阳台板、空调板

阳台板、空调板与楼板同时施工，阳台板边模可做成钢模，随外墙滑升模板及挑架连杆带动上升，现场支底模。阳台栏板采取在两端外墙上预留胡子筋的方法，墙体滑升模板过后进行栏板支模施工。

3. 楼板施工

(1) 当每层墙体混凝土滑升模板完成，模板底部到达上层楼面标高后，即开始楼板施工。

(2) 楼板模板采用 12mm 厚竹胶板或 15～18mm 厚木胶合板，支撑系统采用脚手架钢管和扣件搭设或采用碗扣式脚手架做早拆支撑系统。

(3) 楼板施工时，先将活动平台揭开，用塔吊吊入支撑系统及模板，支模后绑扎钢筋，埋设水电管线及预埋件，浇筑楼板混凝土。

4. 梁与楼板同时施工

(1) 楼板上的梁（包括楼梯休息平台的梁）同楼板一起支模。

(2) 当滑升模板上口到达梁底标高前，提前预埋梁窝木盒或预埋钢板网。待滑升过后去除木盒，清理此处混凝土。

(3) 梁的底模及支撑系统待空滑完成后即开始支设。

(4) 绑扎钢筋，使其与墙体连成整体，支梁侧模及楼板底模，同楼板一起施工。

5. 梁按滑升模板施工的底板与洞口的处理

(1) 当梁的跨度较大时，墙梁连接处的侧模采用插板形成，插板由连接角钢连同滑升模板同步滑升，至梁底标高时解除角钢的联系。梁底模板采用 50mm 厚木模板，两端做成斜边，用钢筋头压住。连梁底模的支撑根据跨度大小来定。当提升架横梁底部标高超过梁底标高时，即可提前支撑梁底模板。

（2）门窗洞口侧模和连梁过梁底模板用 50mm 厚木板配制，侧模及底模板宽度较截面尺寸小 10mm，两端做成企口边，用角钢卡具紧固四角，当支承杆穿过底板时，在支承杆位置锯成缺口，让其顺利通过。

（3）为让梁底模顺利通过滑升模板，防止被滑升模板提起，在底模两端上部用钢筋头同相邻立筋焊接，压住梁底模板。

（4）梁钢筋在底膜板上提前绑扎，先绑扎底筋和箍筋，随滑升变化，紧跟着绑扎侧筋和顶部钢筋。

（5）梁的混凝土随墙体同步施工。

（六）特殊部位的处理

1. 大截面变化提升架的处理

在大截面变化部位，将通常的门形固定提升架改换为立柱可平移提升架，立柱平移后，与此相连的固定平台，活动平台围圈，衔架等相应改装。

2. 梁，板预应力钢绞线同滑升模板交叉

这种情况下滑升模板做法坚持不变。当模板底部到达上层楼面标高后，再穿入梁，板预应力钢绞线。由于吊架要同钢绞线相碰，因此可将吊架的木跳板改为可翻转的角钢框，钢板网跳板。当吊架滑升接近钢绞线时提前翻转，顺利通过后再复位。

3. 地下室及裙房框架梁与塔楼剪力墙的连接

地下室及裙房框架梁与塔楼剪力墙之间呈 T 形或十字形连接，为有利于两者之间的整体连接。方便钢筋绑扎和搭接，在塔楼相关的周边混凝土按滑升模板施工到框架梁底标高，其余仍施工到板底。先将滑升模板滑到上层楼面标高后，在绑扎框架梁钢筋，支梁侧模和楼板底模，绑扎楼板钢筋。楼板和框架梁一起浇筑混凝土，使之成为一个整体。如果涉及允许，在框架梁与剪力墙连接处的墙内预埋直螺纹连接螺母，滑升模板过后梁与剪力墙直接同螺母连接。

4. 非标准层与标准层剪力墙平面不同的处理。

标准层与非标准层平面相比，少一部分或多一部分剪力墙时。其处理方法如下：

（1）油路系统处理

在铺设上、下平面不同处的油路时，应将两者不同的油管同时设置，以堵头封闭油管备用。到标准层改装时，新增的千斤顶直接用备用油管接上，被取消的千斤顶拆掉油管将分油器接头用堵头封闭。

（2）提升架的处理

根据不同楼层平面增设或拆除提升架。

（3）模板的处理

在上、下平面不同处，若非标准层无墙，标准层有墙时，则在非标准层设 900mm 宽模板，到标准层时，拆除 900mm 宽模板，改装 2 块角模，连墙厚一起同样也等于 900mm。若非标准层部分有墙，到标准层时没有墙，则转换时将非标准层部分所设的角模拆除，改换为 900mm 宽平模即可。

（4）支承杆的处理

当标准层新增支承杆时，其底部设钢靴，直接承压在楼板面上。在标准层支承杆取消的部位，在千斤顶更换时予以拆除或割除。

5. 塔楼剪力墙与地下室墙施工缝

（1）施工缝位置设置钢板网隔断混凝土，并设置竖向凹线，贴遇水膨胀的防水胶条。为使支模时便于连接，施工缝设在墙角外 200～250mm 处。

（2）地下室墙预埋锚固钢筋于塔楼剪力墙内，滑升模板完成后，地下室平筋与预埋钢筋搭接或焊接。

(3) 由于钢筋伸出，滑升模板和外围圈不能封闭，此部分特配置阴角模和平模，待滑过地下室层，更换为阳角模。焊接外围圈，安装斜角部位挑架，连接外操作平台。

(七) 滑升模板的施工管理

1. 滑升模板施工的理念

滑升模板施工是“三分技术，七分管理”。技术固然重要，但在施工过程中，管理的重要性更为突出。同样的滑升模板工艺，同样的滑升模板装置，同样的液压设备，但在不同的工程中应用，不同的管理方式将产生不同的结果。有的滑升模板工程混凝土平整光洁，棱角整齐，洞口整体连接方正。滑升模板平台洁净，滑板光滑，支承杆垂直，施工速度快，清理修补用工少。在这些工程中，滑升模板的优越性很明显，有的建设单位评价滑升模板比支模好，要求把支模的工程改为滑升模板。但有的滑升模板工程混凝土墙面粗糙，拉裂，露筋，掉角，洞口歪斜，滑升模板平台上一片脏乱，模板结垢，支承杆大量失稳，施工周期长，清理修补工作大，这样就丢失了滑升模板的优越性，给人们的印象就是滑升模板施工的工程质量不好，进度也不快，以致造成业主、监理或质量监督部门提出质疑或终止滑升模板。

很多人都会发出这样的疑问：为什么同样采用滑升模板工艺却会有如此不同的反差？关键在管理。但管理又必须以技术为主导，技术不先进，即使管理上下了功夫，也会存在先天不足。因此“滑升模板施工成功＝先进技术＋严密管理”，也就是通常讲的“三分技术，七分管理”。

中国的滑升模板技术应用范围广泛。在构造物方面，普遍应用在烟囱、水塔、桥墩、筒仓、竖井、电视塔等。在建筑物方面，主要应用在住宅楼、写字楼及一些工业建筑上。其中高层建筑滑升高度可到达 206m，整体滑升建筑面积达 $2300m^2$；工业建筑整体滑升建筑面积达 $5180m^2$。电视塔滑升高度达 280m（塔高

405m)。在一些工程上滑升模板综合技术达到国际先进水平。由于发展不平衡，一些工程受到特定条件的制约，目前很多滑升模板工程还是采用了围圈加小钢模，3.5t千斤顶，Φ25支撑杆的传统做法，而小钢模本身就很难保证混凝土表面质量。随着国家改革开放和建筑业的发展，滑升模板技术仍然停留在初始的水平是不协调的。近几年来滑升模板技术正向以下几个方面发展和推广：

(1) 采用工具式钢管支承杆，设置在结构体外，减少埋入支承杆的耗钢量；

(2) 推广大吨位千斤顶，并逐步发展升降千斤顶；

(3) 滑升模板装置适应变截面的需要，具有可调性，通用性；

(4) 滑升模板采用大型化，模数化的定型组合大钢模板。

滑升模板工艺是一项成熟的工艺，滑升模板技术正在不断地发展，因此高度重视滑升模板施工管理是当务之急。滑升模板管理要着重抓好以下几个方面的工作。

(1) 建立质量保证体系，统一指挥，分区管理

滑升模板施工是集施工管理，劳动组织，施工技术，材料供应，工程质量，生产安全，机电设备，水电安装，信息资料，生活服务等各项管理工作及混凝土，钢筋，木作，液压，电气焊，机械操作，测量，抹灰清理等各工种于一体，共同协调配合的一项系统工程，是技术性强，组织严密的先进施工技术。为了确保工艺在实施过程中能够有条不紊地正常进行，必须建立强有力的指挥管理系统。首先，强调统一指挥、一切服从指挥、决策、号令，一切向指挥反馈各方信息。其次，把各项管理工作落实到各部门，落实到每个具体的人，明确其责任范围，建立名副其实的质量保证体系。目前，高层建筑中的滑升模板工程根据建筑面积的大小，一般有三种指挥管理系统。

1) 滑升模板工程总指挥，直接抓各管理部门和各专业工长，亲自指挥几个专业工长管理滑升模板平台上的混凝土浇筑、钢筋

绑扎、液压提升等工作。

2）项目经理（或副经理）任总指挥（或设白班指挥，夜班指挥），直接抓各管理部门，将滑升模板平台划分为若干区，每区面积100～200m^2。每个区设一名区长，负责本区的混凝土，钢筋，木作等工程。总指挥将土建施工的工作交给各区长分管，区长按总指挥号令下达指示，并将各区情况及时向总指挥反映，液压提升等工作由总指挥直接过问。

3）对于标准层建筑面积较大的工程，项目经理负责全面管理工作，将滑升模板总指挥及各专业管理工作由副经理和总工程师分管，并将专业工长及区长管理模式结合在一起，专业工长起到滑升模板总指挥助手的作用。

（2）确保混凝土供应符合设计要求

混凝土供应量和供应方式取决于滑升模板工程单层面积的大小，每一个浇筑层的混凝土工程量和混凝土的浇筑速度，根据施工组织设计的要求每小时的混凝土供应量可选择下列供应方式：

1）现场搅拌站—混凝土输送泵—泵管—布料机；

2）商品混凝土搅拌站—泵车水平运输—混凝土输送泵—泵管—布料机；

3）场外搅拌站—机动车水平运输—料斗—塔吊垂直运输；

4）现场搅拌站—直接到料斗—塔吊垂直运输。

第3、4种方式，对面积较小，混凝土量较少的工程可以选择，并可通过征集一台塔吊或一个料斗，增大料斗容量等方法来加快混凝土的供应速度。第2种方式，必须保证泵车运输的匀速性，防止过长间隔或高度集中，以防止混凝土积压，坍落度损失，强度在泵车中增长或者供应跟不上滑升速度等情况的发生。

一般推荐第一种方式，即设立现场搅拌站，消除外部因素的影响，通过输送泵及泵管直接与布料机相连，在平台上进行360°回转布料，加快混凝土的浇筑速度，减少坍落度经时损失，做到均匀布料，提高混凝土的匀质性，缩短滑升模板时间，减轻工人的劳动强度，提高施工功效。

(3) 控制混凝土的初凝时间和出模强度

混凝土的配合比，外加剂的品种及掺入量直接关系到混凝土的初凝时间和出模强度。有的工程，初凝时间短，强度增长快，特别是夏季，很容易也出现黏膜，拉裂现象；也有工程，初凝时间长达10h，出模强度低，影响滑升速度，甚至初滑升时就产生大面积混凝土坍落。因此，应在施工前根据各楼层的混凝土强度等级，提高并配制好混凝土配合比，以及不同水泥品种，不同外加剂品种的配合比。除在试验室测定混凝土的初凝时间和强度外，应在施工现场制作混凝土试块，采用手压方式，每半小时观测一次试块的强度变化情况，做好观测记录，以便在施工时做到心中有数，作出初滑升，正常滑升，加快或减缓滑升的决断。

各种配合比和外加剂的选用由试验人员负责管理，根据进场水泥及气温的变化，随时进行调整，测定和计量监督，及时将混凝土的各项信息向指挥人员反映。

(4) 严格按操作要求浇筑混凝土

混凝土浇筑应按“先难后易，先内后外，先厚后薄，先阴后阳，均匀布料，严格分层”的原则进行。

1）对每个浇筑层，总的趋势是从内向外，如：先从电梯井筒开始，然后是外围区；外围区先浇内墙，后浇外墙。

2）当一工程中有墙厚不均的情况，特别是有不足200mm厚的薄墙时，先浇厚墙、柱，后浇薄墙、梁。考虑到日照的温差影响，先浇阴面，后浇阳面。

3）就每个区，每道墙而言，先浇墙角，门窗洞口暗柱钢筋密集的地方，后浇中间直墙，不允许将混凝土从中间易浇筑处用振捣器向两端钢筋密处推进，以防止造成门窗洞口棱角坍落或泌水冲刷。

4）为了确保均匀布料，应绘制布料顺序图。当采用塔吊车布料时，以每布料斗容量折算成延米，按先后顺序，均匀对称划分墙段并编号；当采用布料机布料时，由于输送速度快，不可能频繁变换浇筑墙段，可按片区对称编号，并有计划地，匀称地变换浇筑方向，防止结构倾斜或扭转。布料机应配合人工下料，防止产生较大的浇筑高差。

5）分层浇筑本是容易做到的，但实际上很多工程都没有认真做到，这些工程因此出现黏膜，漏空，拉裂等现象。900mm的模板分三层浇筑混凝土，每次300mm，允许±50mm的误差。这三层能做到严格分层浇筑，开始滑升后，就不会产生大的高差，特别是第一个浇筑层很重要，按设计要求交圈后，可为初滑升和正常滑升打下良好基础。

（5）抓住液压系统的两个关键—千斤顶和支承杆

千斤顶同步是滑升模板平台平稳上升的保证，但在实际上，千斤顶不同步是绝对的，所谓的同步是相对的，可以控制的。产生不同步的因素有以下几个：

1）支支承杆不清洁，楔块，滚珠污垢堵塞，致使千斤顶下滑。

2）支限位卡未卡紧，支承杆上的标高不准确。

3）支千斤顶没有充分回油，累计升差越来越大。

4）支千斤顶有楔块式及滚珠式两种，楔块式下滑量1～3mm，滚珠式下滑量5～8mm，且同一品种千斤顶的下滑量也有少许差异。由于滑升累计后，会有明显升差。

5）支千斤顶负荷不均，特别是产生升差后，千斤顶的附加荷载的迅速递增。

6）支支承杆不垂直，不稳定，接头错台，影响千斤顶滑升和回油。

由于有上述因素，导致了连锁的不良影响；

支承杆污染→千斤顶下滑→千斤顶不同步→附加荷载递增→支承杆失稳→滑升模板结构变形→模板偏移，倒锥→混凝土质量影响→结构外形偏差。

加强千斤顶和支承杆的管理，控制恶性循环，是确保滑升模板正常工作的关键，采取千斤顶逐层按比例强制更换保养，支承杆除锈除污等措施是行之有效的管理办法。

（6）重视模板的组装，检测，清理和维护

模板组装质量关系到上部结构外形及截面尺寸，墙体表面质量及模板的耐久性。

如果采用小钢模则拼缝多，模板平整度，平直度差，而板易变形，拼缝处渗透水泥浆后出现胀模，对墙角处截面影响很大。因此，采用小钢模时，安装连接除采用部分回形销外，上下必须有 2 道螺栓紧固，以防胀模及错台。

采用定型组合大钢模有拼缝少，刚度大，板面平整的特点，组装时逐个房间，逐个墙体进行截面及锥度的检测、校正、固定，充分利用活动支腿可调丝杠进行调节。在滑升模板施工若干层后，应把检测、校正、维护当成一项经常性工作，就像设备要定期保养，维护一样。另外，可以利用变截面改装模板的机会，对模板进行全面检查，校正。

模板清理工作是滑升模板施工中不可忽视的一项工作。如广州市海珠广场花园 3 栋楼的滑升模板，配了 15 名女工负责清理，她们的经验是：层层清理，层层刷油，划分区段，定员定岗，从下到上，一包到顶，要清理就彻底清理干净，越清越好清，越清越光滑，确保了墙面质量从下到上始终如一。

（7）采取措施保证钢筋质量

滑升模板施工的钢筋随时隐蔽在混凝土中，为了保证钢筋的质量，管理上必须采取一些措施，主要有以下几种。

1）定岗定员，划分区段、在此区段上的钢筋工从下到上一包到顶！包质量，包进度。加强操作人员的质量意识教育，随时进行检查根据质量优劣进行奖罚。质量监督人员跟班检查，做好有关记录，指导操作人员提高质量水平。

2）为了防止水平筋偏移碰撞模板，并控制水平筋的保护层，可在丁字墙（梁），十字墙（梁），墙（梁）中部，柱模四角的模板上口安装导向筋。

3）支主筋设控制位置的挡圈或支架，保持主筋垂直，不对滑升模板装置产生障碍和阻力。

4）支钢筋按分区做好配筋表，钢筋加工厂设专人负责清理，点数，分区分部位，将各规模钢筋挂牌吊运，运到平台上后，分配到相应位置。长钢筋搁在提升架上或横梁下的钢筋支架上，箍筋挂在提升架上部的横杆上。

（8）防偏为主，纠偏为辅

高层建筑的单层面积大，结构复杂，对主体工程垂直度的要求高，而模板滑升是混凝土处于塑性状态中进行的，要确保滑升模板平台平稳垂直上升，从管理战略上要坚持“防偏为主，纠偏为辅”的原则。即一切措施，一切操作要求要围绕“防偏”，把偏差消除或减少于“防偏”中，在防偏以后仍然出现了偏差，那就进行“纠偏”。偏差产生的主要原因在于：

1）支千斤顶的同步状态；

2）滑升模板装置的刚度与稳定性；

3）标高的控制；

4）混凝土的浇筑数顺序与方向；

5）钢筋位置的准确性；

6）平台荷载的均匀性等；

7）支承杆的垂直度。

在滑升模板施工中，采取激光观测或经纬仪观测方式，提供偏差观测成果，进行偏差方向及偏差值的分析，找出偏差原因，采取防偏差措施，消除产生偏差的因素。纠偏采用钢丝绳牵引和撑杆顶轮方法进行，纠偏时应缓缓进行，不能矫枉过正。

（9）水平结构施工是影响工期的重要因素

高层建筑标准层高为 2.7～3.2m 时，正常情况下墙体滑升模板的时间一般为 15～20h，加上空滑的时间，共 1 天。每个结构层的施工周期，除去墙体 1 天的时间外，其余都是水平结构施工的时间，因此，水平结构施工速度的快慢直接影响整个工期。如果水平结构施工时间长，将掩盖滑升模板的优越性，因此在水平结构（梁，板，阳台）施工方面，加强管理，改进措施十分必要的。

1）尽量采用大块模板，不用小木板、小钢模，改用整张木胶合板，质量好的竹胶合板或钢框竹胶板等，取消或减少顶棚面的抹灰，做到稍加修整便可直接刮腻子、喷白。

2）浇筑混凝土采用布料机，尽量不用接泵管和塔吊料斗卸灰的方法，以加快楼板混凝土的浇筑时间。

3）改变传统，落后的支模方法和支撑器材，采用快速支模，早拆支撑系统。减少支模用工，缩短支模时间，加速支撑系统的周转。

4）支模、绑扎钢筋、穿预埋管线等都采用流水方法进行，缩短交叉作业时间。

（10）安全防火工作要当重要大事来抓

滑升模板施工中最突出的问题是安全，防火问题，应引起各级领导和全体职工的高度重视。在滑升模板工地上不发生重伤，死亡和火灾事故，要成为安全防火的好典型，为此，需要做好以下工作：

1）设专职安全员，防火员跟班负责安全防火工作，广泛宣传“安全第一”的思想，认真进行安全教育，安全交底，提高全员的安全防火意识。

2）经常检查滑升模板装置的各项安全措施，特别是安全网，栏杆，挑架，吊架，跳板等安全部位的螺栓等。检查施工的各种洞口防护，检查电器，设备，照明安全用电的各项措施。

3）设立安全标志及安全标语。

4）每项滑升模板工程在编制施工组织设计时，要制定具体的安全，防火措施。

5）平台上设置灭火器，安装施工用水管来提供消防用水，平台上严禁吸烟。

6）各类机械操作人员应按机械安全操作技术规程进行操作，应按规定对机械，吊装索具等进行检查，维修，确保机械安全。

（11）整洁的滑升模板平台环境是正常施工的必要条件

整洁的滑升模板平台是管理工作做得好的标志。如果一上滑升模板平台，眼前一片脏乱，给人的感觉杂乱无章，使人情绪低落，很难保证工程进度和质量。为此，必须创造一个文明的施工现场环境，有条不紊地进行滑升模板施工管理，保持平台的整洁有序，保持操作人员振奋的精神，才能使滑升模板顺利进行。

平台在浇筑混凝土后要及时清理和冲洗，保持提升架，千斤顶等外露装置的清洁，台上的钢筋做到有序堆放，保持整齐，不留杂乱钢筋。

工程垃圾层层清理，垃圾从小电梯井倒下，井筒内在首层门洞口搭设斜坡，以便垃圾及时运走。

平台上，吊架上的安全网挂设整齐，杂物及时清除。

（12）妥善安排职工的作息时间和生活

在滑升模板施工期间实行工序作业时间及两大班作业时间相结合，即某些工种按照滑升模板施工的工序搭接要求上下班，而不能按正常钟点上下班，有时早，有时晚，有时紧，有时松；而另有一些工种，则可保持正常两大班或三班作业。各工种及管理人员平均每天工作的持续时间为10～12h（包括用餐及中间停歇时间），这些情况是滑升模板的特殊要求。

单由于有的单位管理工作没跟上，没有良好的劳动组织，没有很好地安排人员的作息时间，有时连续工作超过12h，使现场人员干得精疲力尽，这是错误的。要使滑升模板正常进行，必须妥善安排好职工的作息时间，保持人员的精力旺盛。滑升模板工作很辛苦，生活上也要妥善安排，让职工吃好，喝好，休息好。滑升模板的时候要根据工作需要安排台上人员吃饭的先后顺序，以缩短吃饭时间，保持滑升模板的连续性。要根据季节变化安排好生活，如夏季要考虑防暑降温，冬天要防寒保暖，并搞好滑升模板平台上的清洁卫生。总之，要关心职工生活，激发职工的劳动热情。搞好滑升模板的各项管理工作。

2. 滑升模板的施工进度计划

高层建筑标准层滑升模板施工进度计划（住宅类）见表8-6。

滑模工程标准层施工进度计划

表 8-6

序	项目名称	第 1d						第 2d						第 3d					
		8～12	12～16	16～20	20～24	0～4	4～8	8～12	12～16	16～20	20～24	0～4	4～8	8～12	12～16	16～20	20～24	0～4	4～8
1	浇筑墙体混凝土																		
2	绑扎墙体钢筋、埋设管线																		
3	墙体混凝土修整																		
4	滑模提升																		
5	平台及模板清理、刷隔离剂																		
6	揭开活动平台																		
7	吊运梁板模板及支撑																		
8	墙体 1 米线抄平																		
9	楼板、阳台及下层楼梯支模																		
10	吊运楼板钢筋																		
11	绑扎楼板钢筋、埋设管线																		
12	浇筑楼板混凝土																		
13	封闭活动平台																		
14	吊运并接高上层墙筋、吊支撑杆																		
15	下三层楼板模板拆除																		
16	下三层外跳平台上返																		

按此计划，标准层施工周期为3d一层。非标准层层高大于标准层层高，原标准层第1d墙，柱，梁滑升模板的工作量用2d完成，因此非标准层施工周期为4～5d一层。由于操作人员需要一个熟练过程，非标准层再各加1d。刚进入标准层后的1～3层仍各加1d。操作熟练后，标准层按3d一层进入正常施工周期。某工程滑升模板施工总进度计划（示例）见表8-7。

某工程滑模施工总进度计划　　表8-7

序	层　数	施工周期
1	滑模组装	18d
2	地下二层、地下一层	6×2=12d
3	首层至四层裙房	5×4=20d
4	设备层及该层同步改装	5×1=5d
5	滑模改装	7d
6	五层至七层	4×3=12d
7	八层至三十二层	3×25=75d
8	女儿墙	1d
9	不可预见时间（包括天气影响、设备故障、停电等）	12d
10	滑模拆除	6d
	滑模施工小计（地下二层至三十二层）	136d，平均4d1层
	总计	168d

在制定项目总进度计划时，滑升模板的组装和改装应作为关键线路。而滑升模板拆除时间因粗装修已提前进入，可以不计。但从一栋楼滑完拆除后，转到下一栋楼，关键线路应计入一次拆除，不可预见时间应列入滑升模板施工计划中。

3. 劳动组织及岗位责任

（1）工种人数的确定

滑升模板工程劳动组织各工种人数的确定，除根据工程量，劳动定额外，主要考虑到滑升模板施工的特点，即有以下办法：

1）各工种同时作业。

2）分两班作业的工种，每班人数相等。

3）连续作业的工种也按两班倒，但上下班的时间依据工序搭接需要进行安排。

4）受滑升模板条件影响，单一工种的工效有的受约束而降低（如钢筋工），有的大幅提高。

5）在规定的时间内必须完成某一工序。

（2）工序组织的问题

在滑升模板施工期间实行工序作业时间及两大班作业时间相结合，即某些工种应按滑升模板施工作业计划中每道工序搭接要求的时间上下班，而不能按正常工作的时间上下班。管理人员和一些专业人员，则保持正常的两大班作业。平均每天工作的持续时间为12h（包括用餐及中间停歇时间）。

（3）工种的组织

一般高层建筑将混凝土工、钢筋工、木工、液压工、抹灰工及配合的清理工、力工组织起来，按工序作业要求安排工作，管理人员、起重工、塔吊司机、维护电工按正常两大班组织施工。

（4）施工流水

当同时有2栋或3栋进行滑升模板施工时，可组织交叉流水施工，即墙体滑升模板专业队在各栋楼进行滑升模板流水，水平结构施工人员在本栋楼各层进行流水，反复进行，反复循环。劳动力的安排应充分利用这项条件，组织一部分人一直干同样的熟练工作，有利于质量的提高和减少用工。

（5）劳动组织，各工种人数及岗位责任

某高层住宅滑升模板工程劳动组织，各工种人数及岗位责任见表8-8。每项工程应根据设计及施工的实际情况进行计划的编制。

高层住宅滑模工程劳动组织及岗位职责一览表　　表8-8

组名	工种	每区人数	每班人数	总人数	工作时间/h	岗位责任
按工序要求时间作业	混凝土工	3	18	36	10～12	负责浇筑，振捣墙、柱、梁及楼板的混凝土，按规定要求操作，对混凝土质量负责，浇完混凝土后负责清理平台

续表

组名	工种	每区人数	每班人数	总人数	工作时间/h	岗位责任
按工序要求时间作业	力工		6	12	10～12	负责按指定地点混凝土布料，配合布料机司机和起重工工作，听从起重工指挥
	钢筋工	8	48	96	10～12	负责清理和绑扎墙、柱、梁及楼板钢筋，对钢筋质量负责，对影响滑升的钢筋负责处理
	木工	4	24	48	10～12	负责支承杆接高、加固、周转，安装梁底模和插板、门窗洞口底模和侧板，支撑楼板模板，安装预埋件，预留洞木盒，检查、校正、调节滑模装置，实施纠偏措施
	液压工	2	13	26	10～12	负责检查、维护油路和千斤顶，负责限位卡上返，观察回油情况，对千斤顶编号、记录，更换和维修千斤顶，操作和维修液压控制台，对漏油污染负责处理
	抹灰工	2	12	24	10～12	负责墙、柱、梁、板混凝土的表面处理，修补缺陷
	安装电工	2	12	24	10～12	负责墙、板电气管线的埋设，接线盒、开关盒的安装、固定和保护
	电气焊工	2	12	24	10～12	负责埋入式支撑杆的焊接、预埋件的焊接和加固、钢筋和避雷针引线焊接、必要的其他气割或焊接等

4. 滑升模板的工程质量要求及质量措施

（1）质量指标

1）钢筋混凝土施工质量按现行国家标准《混凝土结构工程施工质量验收规范》GB 50204—2002 的要求检查，必须达到合格标准。

2）表面平整（2m 靠尺检查）：5mm。

3）轴线间相对位移：5mm。

4）垂直度：每次允许偏差 5mm，全高为建筑物高度的 0.1%，总偏差不大于 30mm。

5）门窗洞口及预留洞口的位置偏差：15mm。

6）每层空滑后千斤顶顶部高度差不大于 25mm。

7）标高：每层楼板标高偏差±5mm，全高偏差±30mm。

8）墙，柱，梁截而的允许偏差：±8～－5mm。

（2）质量措施

除滑升模板施工方案中已考虑到的措施外，还应做到以下几项工作。

1）设置专职检查员两名，跟班负责下列工作：

A. 履行质量检查员应尽的责任和权力；

B. 检查工程质量；

C. 会同有关人员商讨提高工程质量的具体措施，帮助班组提高工程质量；

D. 监督质量措施的执行，检查各工种自检，互检和交接检的执行情况，及时向现场指挥人员反映；

E. 当可能发生质量问题时要果断采取措施制止，对已发生的质量问题要提出处理意见；

F. 认真填写，收集和整理有关质量技术资料。

2）设专职试验人员在现场负责掌握混凝土配合比，坍落度，快速测试混凝土的出模强度和初凝时间。严格监督搅拌站的材质，计量，水灰比，按规定做好混凝土及砂浆试块和试验报告。严格控制混凝土的坍落度是保证分层浇筑连接，确保混凝土不拉裂的重要措施。

3）推行全面质量管理，建立定期分析制度，对质量的关键部位，薄弱环节，质量通病等要及时采取对策，落实措施，以确保工程质量。

4）强调“防偏为主，纠偏为辅”。按照施工组织设计要求采取各项防偏措施组织施工。测量观测采取激光控制，垂直度采取激光经纬仪观测，水平度采用激光安平仪扫描。

5）按现行的《液压滑升模板施工技术规范》G13J 113 规定的出模强度为 0.2～0.4MPa。为了有效控制出模强度，除试验室测定初凝时间和强度外，工地上采取首罐混凝土做试块，采取手压目测的方法，由施工指挥人员及时掌握控制强度的变化，采取相应的滑升速度。比较理想的手压结果是：混凝土已开始硬化，但表面能压出 0.5～1mm 深的手指压痕。

6）加强滑升模板组织管理工作，采取金字塔形式的统一指挥，统一管理，各项工作责任落到个人，从下到上一包到顶，确保工程质量，生产安全，现场文明和协调配合工作做到实处。

7）明确划分各类人员的职责范围，每项工作做到不遗漏，不重复，不混乱。对各工种要分别进行详细的技术交底，严格要求按有关施工验收规范施工。木工，水电，液压等工种人员要求熟悉图纸，掌握好标高，尺寸。

8）各工种应进行自检，互检。交接班时，各工种之间，各工长之间进行交接检查，并做好有关记录。

9）现场应根据质量优劣进行奖罚，其标准以质量员检查鉴定为准。

10）混凝土的浇筑采取均匀布料，分层浇筑，分层振捣的方法，严格控制浇筑层高，每层 200～300mm。由于均匀分层浇筑，混凝土的匀质性和整体性好。

11）对模板，钢筋，混凝土，水电配管等主要工种划分责任区段，定岗定员后各工种人员相对固定，从下到上一包到底，以利于加强操作人员的责任心，有利于质量检查评比。

12）门窗洞口，预留洞口，预埋铁件，水电埋设，接线盒等要放大样，做出平面图和标高一览表，发给有关人员，避免尺寸，标高，位置差错。

13）预埋铁件，套管，水电埋管等应与钢筋焊接好。

14）楼板和墙体预留洞口的木盒用铁丝与钢筋拉结或焊接短钢筋卡住，使木盒中心符合图纸洞口中心。

15）内筒外墙角，内墙角，电梯井，门窗洞的垂直度必须层层吊线检查，并有测量工用经纬仪上返控制线，以保证抹灰从下到上一次成功。

5. 施工安全措施

参与滑升模板施工的指挥人员和管理人员要重视做到不发生重伤和死亡事故，要成为文明工地和安全生产的好典型，为此要采取以下安全措施：

（1）严格执行国家和地方政府，上级主管部门，滑升模板施工单位有关安全性生产的规定和文件。

（2）设专职安全员跟班负责安全工作，广泛宣传“安全第一”的思想，认真进行安全教育，安全交底，检查安全措施，监督安全设施的执行，对一切违反安全操作的人和事，有权批评制止，直到令其停止。

（3）建筑物外墙边线外 6m 范围内划为危险区，危险区内不得站人或通过行人。

（4）现场上设有明显的防火标准和安全标语牌。

（5）进入现场的所有人员必须戴好安全帽，独立高空作业人员必须系好安全带。

（6）各类机械操作人员应按机械安全操作技术规程操作，检查和维修，确保机械安全，吊装索具应按规定经常进行检查，防止吊物伤人，任何机械均不允许非机械人员操作。

（7）安全网必须采用符合安全质量标准的产品，安全网的架设和绑扎必须符合安全要求，建筑物四周设水平安全网，网宽 6m，分设在首层和每隔四层位置。外挑台栏杆上设密目立网，同吊脚手架立网相连，吊脚手架的安全网应包围在吊脚手跳板下，并上返 900mm。

（8）洞口防护。楼板洞口：利用楼板钢筋保护；电梯洞口：在电梯门口搭设钢管护栏；楼梯口：随建筑物上升，紧接着用钢管搭临时栏杆；平台洞口：滑升模板平台板揭开后形成的洞口，距下一层楼板最高约 5～6m 高，非常危险，除抓紧支撑楼板模板外，可搭设临时栏杆或挂设安全网。

（9）为了确保千斤顶正常工作，应有计划地更换千斤顶，每层做到更换 1/5，要更换千斤顶时，不得同时更换相邻的两个，以防止千斤顶超载。千斤顶更换应在停滑期间进行。

（10）当塔楼滑升模板，裙房支模，须由现场确定外防护架，层层升高防护。

（11）滑升模板装置的安全措施：安全网，栏杆和滑升模板装置中的挑架，吊脚手架，跳板，螺栓等必须逐件检查，做好检查记录。

（12）滑升模板装置的电路，设备均有接零接地，手持电动工具设漏电保护器，平台下照明采用 36V 低压照明，动力电源的插头接线盒，配电箱均按规定配瓷插头保险。主干线采用钢管穿线，跨越线路采用流体管穿线，平台上不允许乱拉线。

（13）滑升模板平台上设灭火器，每区 2 个。施工用水管可代用作消防水管使用。操作平台上禁止吸烟。

（14）上高空前，应在地面做全面检查，特别对安全网，铺板，吊杆双螺母等要逐件检查紧固情况。

（15）滑升模板装置拆除时要严格按拆除方案和拆除顺序进行。在割除支承杆前，提升架必须加临时支护，防止倾倒伤人，支承杆割除后，及时在台上拔除，防止吊运过程中掉下伤人。

（16）拆除的木料，钢管等要捆扎牢固，防止落物伤人，严禁任何物体从上往下扔。

（17）要保护好电线，防止轧断，确保台上临时照明和动力线的安全，拆除电气系统时，必须切断电源。

（18）为防止扰民，振动器宜采用低噪声新型振动棒。

6. 季节性施工措施

（1）根据滑升模板施工期间的季节情况编制相应的季节施工措施方案。

(2) 混凝土要及时入模，浇筑一段，及时清理一段滑升模板平台，被暴晒硬结的混凝土或残渣应予清除，晒的发烫的铺板应浇水降温。

(3) 注意检测液压控制台油箱内的油温，根据季节变化及时更换相应的油。当油温超过60℃时，可采取换油降温措施。

(4) 平台上操作人员的饮用水，防暑降温饮料等应及时送到现场，并做好有关防暑降温药品的准备。

(5) 在外平台及内筒电梯井部分分区设置遮阳棚，供施工人员遮阳，避雨。遮阳棚用钢管搭设，玻璃钢波形瓦做屋面。

(6) 大风季节要做好防风准备，将每块跳板及踢脚板均与架子用铁丝绑扎牢固。跳板支架适当留一些间隙，以减少风荷载。

(7) 夏季气温高，混凝土的浇筑除遵循先内后外的原则外，朝阳的一面应在每个浇筑层的最后浇筑。

(8) 冬期施工时除混凝土掺入防冻剂，砂，石及水加温外，应在滑升模板下口挂塑料布和保温棉毡，保护刚脱模的混凝土。

(9) 冬期施工时，外墙窗口和电梯井筒门应封闭保温。

(10) 雨期的停滑措施按滑升模板施工“停滑”处理。

(11) 雨季期间应备足够数量的苫布，塑料布等，以供覆盖台上的混凝土及人员遮雨等应急措施施用。

(12) 下小雨时滑升模板施工照常进行，大雨或暴雨时施工暂停。雨季期间，除及时掌握天气变化，尽量安排好天气施工以外，对突然的大雨，滑升模板施工应立即停止，一般人员可下平台避雨，指挥人员，液压人员及部分木工等必须在停滑措施完成后撤离。

(13) 大雨即将来临前应将平台上卸下的混凝土浇筑完，来不及浇筑或遮盖而被大雨冲刷的混凝土应予废除。

(14) 雨后恢复施工时，对施工缝应予处理，其方法是：浇筑30～50mm厚同强度等级水泥砂浆作接缝处理。

(15) 雨期避雷措施以塔吊设避雷针为主。当滑升模板平台在塔吊的避雷覆盖面积以内时，平台不另设避雷装置；当平台在塔吊避雷覆盖面积以外时，则在平台中部最高处设避雷针。利用正式工程避雷钢筋及接地装置做平台避雷。塔吊避雷及正式工程避雷装置以原设备及工程设置图纸与有关规定为准。

7. 滑升模板现场的文明施工

滑升模板施工时一项系统工程，一项综合技术。有条不紊地进行滑升模板施工管理，创造一个文明的施工现场才能使滑升模板顺利进行。现场一乱，很难保证工程进度和质量，为此须做到以下几点：

（1）划清责任

1）划分责任区，区域界限以分区平面图的形式告示。各区实行流水作业。在每一责任区内由区长负责，从下到上一包到顶，包质量，安全，文明施工和协调配合。责任区内的各项工作，由区长分配到个人，每人周期每区均定点定岗，按片，段工作范围和操作要求作业。

2）不分区的作业组和工种，亦相应将责任落实到个人。

3）管理人员的责任由指挥安排落实到每个人。

（2）亮牌标志

1）竖立区号牌，标明区长姓名。

2）设立安全标准及安全标语。

3）按一般的工程要求设工程标牌，工程简介和鸟瞰图。

4）预埋件，预留洞挂牌定位，定标高。

5）台下划分栋号堆放钢筋的位置，并竖牌写明区号和负责人。

6）钢筋按配筋单加工、存放，按区号牌转运、起吊、分配。

7）信息传递反馈采用信息装置。

（3）统一指挥

1）现场指挥人员除指挥工长和各职能部门外，应直接过问搅拌站，测量组，液压滑升人员，以掌握第一手的资料信息，作出正确判断，控制滑升速度。

2）平台上每个分区，应推选区长，区长负责安排本区各工种的工作，并做到相互之间协调配合，及时向指挥人员汇报情况，反馈信息。

3）工长除管理专业工种和每区工作外，应直接管理起重，塔吊，维修电工，安装电工等工种，以确保工种，工序之间的搭接配合。

4）各工种工人服从班长、区长、工长的工作安排，按要求时间上下班，坚守工作岗位，保证质量和速度。

（4）清洁整齐

1）现场排水畅通，材料运输畅通。

2）工程垃圾应层层清理，垃圾从一个电梯井倒下，电梯井内在首层门洞口搭设斜坡，以便垃圾及时运走。

3）浇筑混凝土后及时清理和冲洗平台，应保持提升架，千斤顶等外露装置清洁。

4）台上设厕所，采用加盖小便桶，由专人清理。

5）水平安全网上的杂物及时清除。

6）台下堆放钢筋的地方保持整齐，做到层层清，不留杂乱钢筋。

7）支承杆及长向钢筋搁在提升架的支架上，箍筋挂在支架水平管上，外平台上不放钢筋及其他物品。

（八）滑升模板的技术创新

液压滑升模板是当代社会上一种先进的施工工艺，在实际的运用过程中较其他模板有以下明显的优越性。

1）操作安全、方便。

2）滑升模板装置及液压设备科实现多次周转使用，综合经济效益好。

3）施工速度快，高层建筑结构施工三天一层，甚至更快。

4）工程质量好，结构整体性好。

5）模板配置量少，组装成型后，并可根据需要变截面。

然而，在现实社会里，新项目承包后，注重了经济效益，忽略了科技含量；算项目小账，不算公司整体大账；分包单位技术素质差，管理水平低等致使滑升模板本身也存在几点不足之处：

1）滑升模板要求施工组织管理严密，一些人不敢干也不愿意干；

2）外墙提升架因有外平台和吊架，普遍外倾；

3）千斤顶只能升不能降，因而模板也不能作升降，微调；

4）纠偏麻烦，纠偏与提升有一定矛盾；

5）滑升模板连续施工，夜晚施工噪声影响城市居民生活；

6）模板清理困难，特别在插板滑条处的结垢更难清理；

7）支承杆耗钢量大。

在21世纪，滑升模板面临着严峻的抉择。事实暗示我们滑升模板绝对不可能消失，只能谋求更好地发展下去。发展的出路在于技术创新，工艺改进，以“三分技术”去做“七分管理”的后盾，以技术促进管理。相关的专业人士通过近年来的实践和认识，在滑升模板技术方而提出一些设想和建议，供滑升模板我们参考。

1）取消滑条，改用伸缩销，插板两侧边框改为凹槽形。

现在大部分滑升模板是将滑条焊接在模板面上，插板依靠滑条定位，滑动。由于滑条始终突出模板表面，当达到门窗洞过梁或大梁变为墙面时，滑条刻画梁，墙混凝土表面，影响到该部位结构质量。还有很多过梁底板同滑条相碰，影响提升，甚至底板被抬起，拉环过梁或大梁。滑条处的结垢坚硬，很难清理。过小的滑条还易使插板胀出，过大的滑条对墙，梁破坏更大。为此建议取消滑条，在滑条部位的模板上钻三个孔，在模板背后焊接三个螺旋伸缩销。使用插板时，伸缩销头部伸出大模板面约20mm，插板的凹槽边框同伸缩销相对运动；不用插板时，伸缩销缩回，头部同模板相平，保证墙，梁表面光滑无槽。

2）千斤顶与提升架横梁之间设置升降调节器。

用于液压滑升模板，爬模的千斤顶，只能升不能降，更不能作升降微调。群体千斤顶在滑升过程中，由于各自的负荷不均，下滑量不同等原因，产生升差是必然的。采用了限位调平器后，在一定程度上控制了不同步的问题。但模板上口 N 个测点标高同设计标高之间一般会出现四种情况，即

A. N 点标高同设计标高之差在允许偏差范围内。

B. N 点标高中有的高于设计标高，有的低于设计标高；

C. N 点标高普遍低于设计标高；

D. N 点标高普遍高于设计标高；

对于第 1 项的情形不需要作调整，对于第 3 项的情形可以在提升 1～2 次。对于第 4 项和第 2 项两种情况比较麻烦：高了，一般加木条或抹水泥砂浆，不但费工且易烂根；低了，易将楼板混凝土钩住模板下口。

滑升模板，爬模施工时，在千斤顶提升过程中，提前将升降调节器的螺母设于管形丝杠中部，当千斤顶到达设定标高后，其高差即可通过升降调节器，以把手转动螺母，带动下底板所连接的提升架横梁进行升降。当需要单调升或单调降时，则分别将螺母设于管形丝杠下部或上部。

3）推广混凝土输送泵，布料机，调整，压缩滑升模板时间。

编制滑升模板施工组织设计时，浇筑混凝土的时间宜选在早晨开始，晚上 20 点前结束，把有噪声的工作安排在晚上 22 点前完成，以解决城市内滑升模板施工的噪音问题。墙体混凝土的浇筑时间不超过 12h，混凝土的垂直，水平运输必须满足这个要求。因此，城市里高层建筑滑升模板应以采用混凝土输送泵和布料机为主，以提高机械化水平来解决浇筑速度这个关键问题。由于浇筑速度加快，滑升速度相应加快，混凝土配合比亦相应设计，混凝土初凝时间控制在 2～3h，以满足脱模强度要求。

滑升模板技术创新应结合每项工程的具体情况而定。编者认为新的思路，新的设计，新的工艺，新的装置和设备必将推动滑升模板技术向前发展，滑升模板在更多的高层建筑工程中推广应

用，一定取得速度快，质量好的明显效果。

4）将爬模模板可以分段后退的做法移植到滑升模板上，以利于清理模板。

在滑升模板和钢筋之间的缝隙中清理模板，特别是做一次较彻底的清理，确实是一件很难的事，不仅费时费工，也难以清理干净。目前一些单位清理滑升模板的做法有：

清理工分片分段包工，层层清，层层刷油；

模板上口以下300～400mm的水平筋在主筋内侧后绑，利用其间隙进行清理；

利用变截面的时间做大清理。

5）外墙和电梯井筒内的提升架立柱接长，设纠偏调节装置

提升架的两根立柱一般为等长，可将外墙外侧和电梯井筒内的提升架立柱焊接连接板，用螺栓连接约600mm的立柱接长段，在接长段下部安装滑道槽钢和纠偏调节装置。

纠偏调节装置由丝杠，螺母，连接板，支腿及滑轮组成，支腿端部的滑轮贴近墙面。当局部提升架向外倾斜时，可通过调节装置向墙面顶紧来调直；当滑升模板装置整体向某方向偏移时，相关提升架外立柱下部的纠偏调节装置集体顶紧墙面，借此向反方向进行纠偏。由于有滑轮靠墙，纠偏不影响滑升。在窗洞口位置的提升架设增设槽钢导轨，以使滑轮紧靠槽钢顶紧。

为了确保墙面混凝土质量光洁，在滑升模板装置设计时，就应考虑到不仅向前推进模板进行变截面，还应向后退出50～80mm间距的余地，可以做经常性的清理工作，模板伸缩调节采用活动支腿，平模和角模之间留有角钢互相搭接的调节缝，既易拆开，又能保证紧固，密封不漏浆。清理时互成90°的两道墙模不能同时拆开，以确保平面位置不变形。

6）改变支承杆布局。外墙设在窗口，内墙设在体外滑升模板是常规做法，外墙的支承杆应设在窗间墙内，这对于$\Phi25$支撑杆来说无疑是必要的。但由于$\Phi48$支承杆承载力强，允许的自由长度可达2.4m，支承杆设在窗洞口，不需要加固，这样做

不仅可以回收窗洞内的支承杆，更为窗间墙绑扎提供了极大方便。

内墙支承杆（除电梯井外）尽量设置在结构体外。支承杆穿过楼板时，以特制的两个半圆形泡沫塑料包裹，以利于支承杆回收。支承杆同楼板支撑联系在一起，形成稳固的格构架，既加强了支承杆，也为支楼板做好了准备。体外支承杆所承受的荷载，通过脚手架扣件传递已达到一定强度的楼板上口。支承杆全部采用工具式螺栓连接，方便施工，有利回收。

参考文献

[1] 国家标准．滑动模板工程技术规范(GB 50113—2005)[S]．北京：中国计划出版社，2005.

[2] 国家标准．混凝土结构工程施工质量验收规范(2010 版)(GB/T 50204—2002).

[3] 郭杏林．模板工程施工细节详解[M]．北京：机械工业出版社，2007.

[4] 张建边．模板工[M]．北京：化学工业出版社，2008.

[5] 行业标准．组合钢模板技术规范(GB/T 50214—2013)[S]．北京：中国计划出版社，2013.

[6] 全国高校建筑施工研究会编著．土木工程施工手册[M]．北京：中国建材工业出版社，2009.

[7] 行业标准．钢框胶合板模板技术规程(JGJ 96—2011)[S]．北京：中国建筑工业出版社，2011.

[8] 国家标准．组合钢模板技术规范(GB 50214—2001)[S]．北京：中国计划出版社，2001.

[9] 行业标准．高层建筑混凝土结构技术规程(JGJ 3—2002)．北京：中国标准出版社，2002.

[10] 张良杰，张为增．新型建筑模板实用技术[M]．北京：中国建筑工业出版社，2007.

[11] 杨嗣信．建筑工程模板施工手册[M]．北京：中国建筑工业出版社，2004.

参 考 文 献

[1] [illegible]
[2] [illegible]
[3] [illegible]
[4] [illegible]
[5] [illegible]
[6] [illegible]
[7] [illegible]
[8] [illegible]
[9] [illegible]
[10] [illegible]